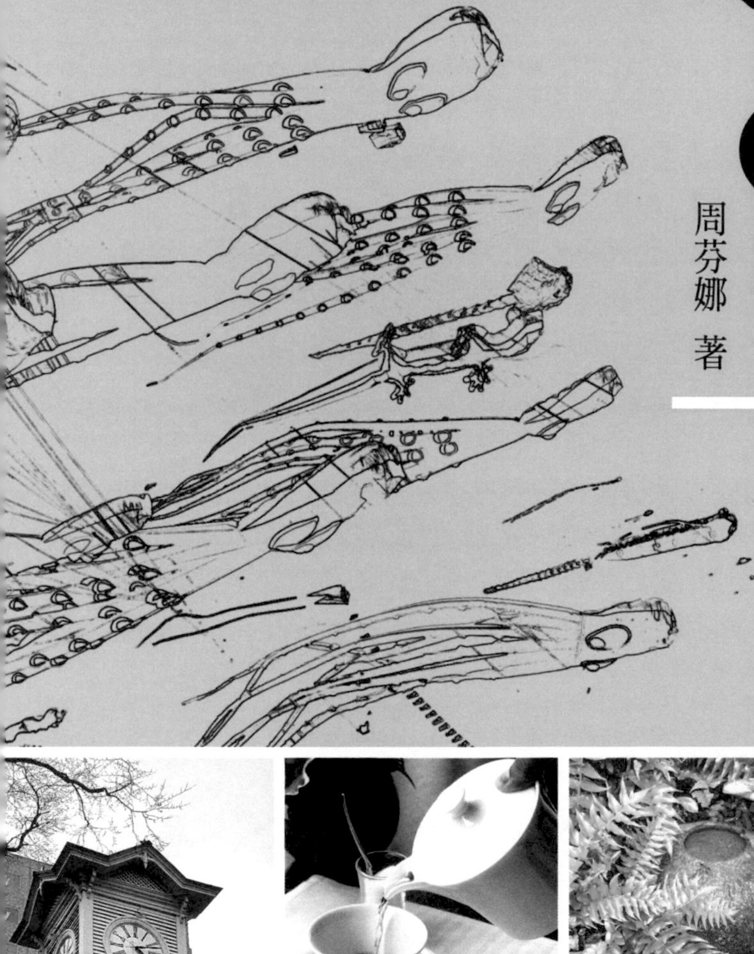

味覺的旅行

周芬娜 著

看美食名家周芬娜如何以獨到的味覺，嚐遍歐、美、亞三洲各地佳餚，並品味出其中的文化、歷史、人文和藝術……

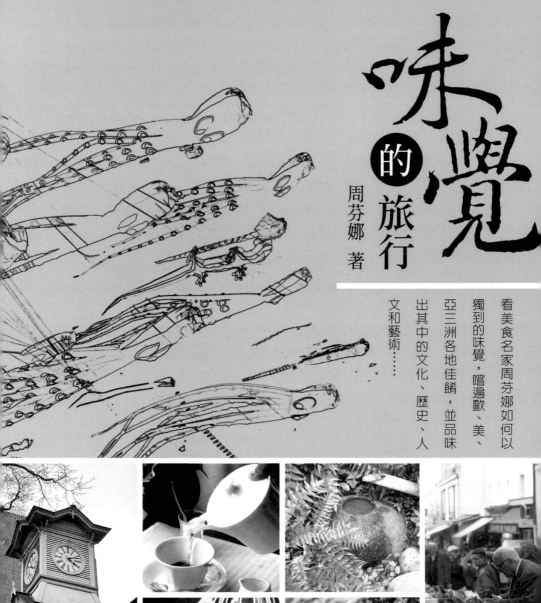

城市的味道

周芬娜

我是個喜歡旅行，也喜歡用味覺來記錄城市的人。一些在經過長久歲月沉澱後仍令我懷念的城市，最後浮上我的腦海的，除了令人驚艷的風景外，通常伴隨著當地食物的千滋百味。難忘的味覺記憶，是一種可以內化到靈魂深處的經驗。以味覺為入口，再延伸到歷史、人文、藝術等層面，用感性的文筆，情緒飽滿的記錄我飛鴻處處的人生行腳，遂成為我生命中的必然。

我所記錄的異國城市，除了短期旅遊驚鴻一瞥的大都市外，也有長期旅居深諳其味的小鄉鎮。除了我對異國美食的評鑑外，還有我在異地飲食生活的所感所思。我原籍台灣屏東，研究所畢業後去美國留學、就業、結婚、定居，至今三十年。我住過亞利桑那州、紐約州，目前住在加州的舊金山附近。我喜歡烹飪，也喜歡到處品酒嚐鮮，幾乎將居住地附近的美食一網打盡，因而寫下了〈舊金山的米其林餐館〉、〈在北美吃龍蝦〉、〈杯酒人生之旅〉、〈誰解蟹之味〉、〈教洋人吃中國菜〉等篇章。

我也曾旅居日本兩年。日本的文化有種素樸之美，飲食也不例外。但日本人對食材的講究、季節感的重視、專業化的餐館管理，使得無論是平民化的拉麵、和果子、天婦羅，或貴族化的河豚，都呈現迷人的風貌與味覺。我深深的沉醉於日本的飲食之美中，不禁要寫〈拉麵之戀〉、〈天婦羅物語〉、〈下關吃河豚〉、〈北海道風情畫〉、〈和果子寫真〉……來記錄這些味覺經驗。同在東北亞的韓國菜也很令我著迷，我特地去過漢城一個禮拜，體驗韓國人過年的情景，並遍嚐各式各樣的韓國烤肉、泡菜與年糕的滋味，深刻的感受到韓國菜與中國菜、日本菜之間的異同，也記載在〈韓國人過年〉一文中。

我不時出國旅遊，企圖走遍全球五大洲，最喜歡去的是歐洲與東南亞。地窄人稠的歐洲有二十幾個國家，一般歸類為東歐、西歐、中歐、南歐、北歐五大區，每一區有不同的人文地理，深刻的反映在當地的飲食中。我遊歷過東歐的捷克、匈牙利，西歐的英國、法國，中歐的德國，南歐的意大利，深覺即使每一個國家和城市在人文、地理、飲食上都有天壤之別，很難概括，此種「五大區」的分類只能說是一種粗略的地理概念。歐洲文化藝術的精緻之美極度令我陶醉，歐洲的食物卻不見得可以滿足我的味蕾。不管是陶醉或失望，事後都是難忘的回憶。我因而寫下了〈羅馬的滋味〉、〈倫敦的下午茶〉、〈德國菜之旅〉、〈匈牙利美食狂想曲〉、〈時尚捷克菜——魔鬼餐廳〉等篇章，以記載當時最真實的心情與感覺。

我喜歡吃東南亞菜，但以前就和大多數人一樣，概念有點模糊，不太清楚泰國菜、印尼菜、越南菜之間的差異。我因而一一造訪了這三個國家，親嚐當地滋味，並寫下了〈驚艷巴里島〉、〈泰國菜隨筆〉、〈品味越南菜〉三文。大抵說來越南菜是不辣的，口味中正平和，基調是香茅與醬油；印尼菜辛辣，洋溢著黃薑和咖哩的芬芳；泰國菜酸甜辣兼而有之，是魚露、檸檬、芫荽、糖等滋味的混合。

此外，故鄉之味總最令人低迴。同在東南亞的台灣是生我育我的故鄉，菜餚口味集中國菜之大成。〈尋找牛肉麵〉描寫我如何孜孜不倦的尋找一碗合意的台灣牛肉麵的執著，〈難忘的屏東小吃〉寫我所懷念的萬巒豬腳、月桃粽、鱔魚麵、木瓜牛奶汁……等道地的屏東鄉土之味。我漂泊異鄉多年，偶然回屏東探親，再嚐故鄉之味，竟已經有著「旅人」的心情，不覺有了新的角度。屏東小吃的發展也日新月異，有些以前著迷的小吃竟不再著迷，有些竟吃出新的滋味了。

味覺與旅行，旅行與味覺，這兩件似乎截然不同的事，在我的心目中卻早就合而為一。我還會繼續的寫下去，不停的以味覺來記錄我的旅行和人生。有人說出書像生孩子，需要勇氣和鞭策。這本書的誕生要感謝許多藝文界的朋友，如前《逍遙》雜誌總編輯林國卿先生、《自由時報》副刊主編蔡素芬女士、北美《世界日報》副刊主編吳婉茹女士、《中華日報》副刊主編羊憶玫……等，持續的在他們主編的版面上刊登，給我很大的鼓舞。還有秀威的編輯林世玲經理與黃姣潔小姐親邀出書，不惜繁瑣的設計、編輯、校對，扮演了臨門一腳的角色。每個作者都需要這樣的鼓勵與鞭策，才能持續在文壇發光發熱。

二〇〇九年三月二十六日於加州矽谷

Contents

目次

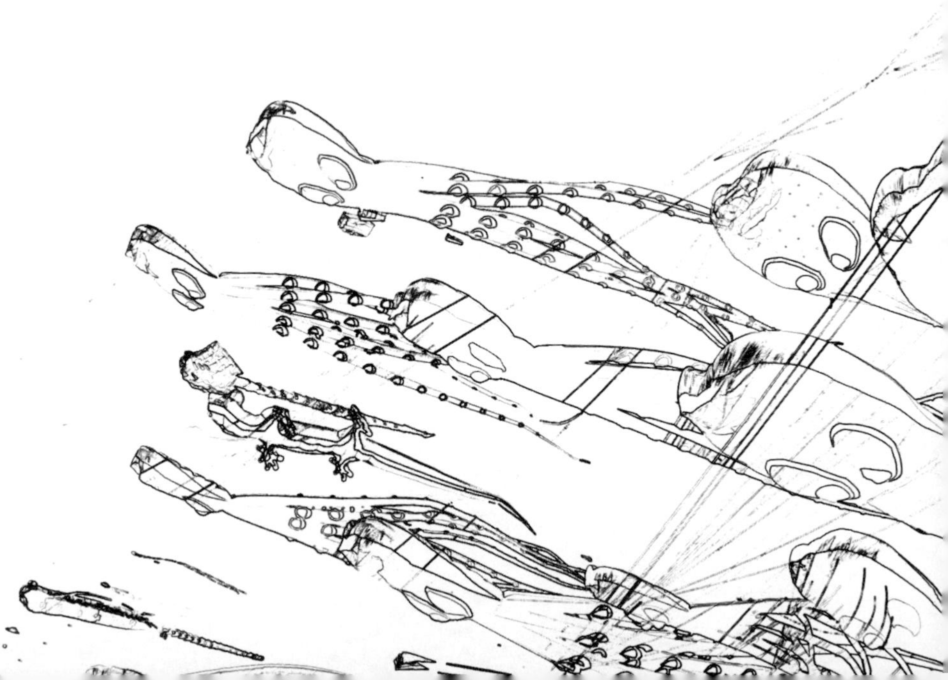

歐洲饗宴

羅馬的滋味

羅馬的滋味是什麼呢？那是濃得化不開的浪漫，深切的思古幽情，清泉的甘甜，菜餚的死鹹，滿城夾竹桃的花香，七彩繽紛的蔬果芬芳……

自從我中學時代看過奧黛麗赫本、洛赫遜主演的電影《羅馬假期》後，一直想去羅馬一遊，走入電影的場景之中。奧黛麗赫本優雅的側影，為愛許願的許願池（Fontana di Trevi），鋪著斑駁鵝卵石的中世紀小巷，殘破的古羅馬鬥獸場，在腦海中交織成難忘

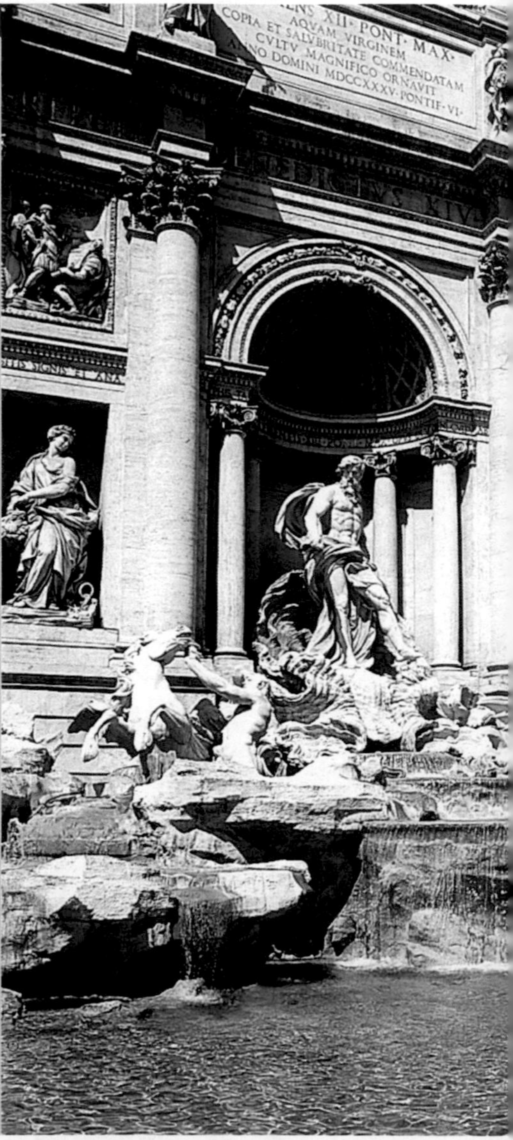

▲ Trevi噴泉

▲ 古羅馬鬥獸場

的影像。近年來又讀了《達文西密碼》一書成名的作家丹布朗（Dan Brown）以羅馬為舞台的集驚悚、偵探、科幻於一身的長篇小說《天使與魔鬼》，更想一窺梵蒂岡城、聖彼得大教堂、萬神殿、西班牙廣場的廬山真面目。

我們最近終於趁往德國開會之便去羅馬遊歷，渡過美好的七天，雖未發生任何傳奇性的邂逅，卻親自體驗了羅馬的真味。許願池的泉水湛藍清澈，大理石雕像晶瑩栩栩如生，如織的遊客散播歡樂的節慶氣息，不由得在泉水前許下私密的心願。羅馬的地下埋藏著無數的甘美清泉，曾有位少女將許願池的水源告訴了口渴欲絕的羅馬軍人，救了他們的性命，因此許願池又名「少女噴泉」，但如今泉水受了成千上萬枚硬幣的污染，早也不適合飲用了。倒是西班牙廣場前還有一道雖不知名但未受污染的「破船噴泉」，噴湧不絕，許多人拿出瓶子來裝水，省了買礦泉水的費用。我不禁以手掬水，喝了一大口，果然甘甜沁涼，消暑解渴。

羅馬泉水的清甜，剛好中和了羅馬菜餚的死鹹。無論是如何浪漫的異國旅遊，總離不開人間煙火。大抵說來，羅馬不是個適合追求美食的城市。七天中我們大約吃了十幾餐意大利菜，去的多是觀光指南推薦的名餐館，但無論是烤披薩餅、意大利麵、烤雞、小牛排（veal），甚至名菜「烤乳豬」都鹹得很，像是打死賣鹽的。鹽放得多食物不容易腐壞，羅馬的觀光客太多，許多名餐館只想大賺其錢，早管不了顧客的口味了。或許在一些不見經傳的小餐館或私人廚房裡，更能品嚐到羅馬的真味。

在國際美食排行上，意大利菜一向名列第三，僅次於法國菜、日本料理，中國菜名列第四。意大利菜講究新鮮食材和原汁原味，烹調法簡單，以烤、煎、燉、炸為主，刀工不講究，醬汁製作也不難，容易普及化和國際化。我最讚賞他們揉麵技術的高超和創意，麵食五花八門，精美無匹。意大利細麵（spaghetti）和披薩餅（pizza）都已是國際名食，在美國披薩餅甚至已和麥當勞漢堡、肯德基炸雞並列，成為「三大國菜」之一。

意大利菜的三大法寶是番茄膏（tomato paste）、摩左瑞拉乳酪（Mozzarella Cheese）、麵糰，以此為基本食材，就可變出不同口味的披薩餅和意大利麵來，每天換著吃，三個月都不令人生膩。番茄膏以橢圓的紅梅番茄（plum tomato）熬成，講究家庭製作，口味酸中帶甜。摩左瑞拉乳酪以羊奶提煉而成，要新鮮有彈性。麵糰發得好，擲地有聲，丟到地上能彈回來。

意大利麵依形狀粗細有數百種之多，特點是麵質爽滑，冷卻後亦無黏連之憂，勝過中國麵。食用時灑上不同口味的醬汁，變化無窮，很能發揮大廚的創意。我最喜歡小貝殼形的「貝殼麵」（Marcaroni），煮熟後或澆乳酪醬做成西餐，或加醬油肉絲燴炒成中國菜，中空的貝殼麵最能吸醬汁，滋味特別濃郁。一顆顆玲瓏的小貝殼鋪陳在餐盤中，也令人食指大動。

披薩餅依口味，可分成「紅披薩」和「白披薩」兩種。加紅通通的番茄膏的披薩餅是「紅披薩」，傳自西西里島，也流行於羅馬，濃郁醉人。清爽酥脆的「白披薩」不放番茄膏，純放摩左瑞拉乳酪，只要再加點青花菜就很好吃，這就是北部的托斯卡尼的風味了。我在美國吃過做得極好的披薩餅，咬時喀嚓一聲，餅皮脆而有咬勁，番茄膏是甜的，乳酪可拉出細絲來。餅上可以鋪陳任何餡料：意大利香腸、橄欖、朝鮮薊、肉丸、蘑菇、洋蔥，甚至鹹魚（anchovies），繽紛滿目，不愧為人間絕味。

◀ 什錦披薩餅

我一心以為在羅馬會吃到更棒的披薩餅，卻大失所望。我們當天去逛羅馬的市政廣場，逛累了在幽美的鵝卵石小巷裡吃午餐。那什錦披薩餅上塗著番茄膏，鋪陳著意大利火腿、朝鮮薊、蘑菇、黑橄欖、蛋黃，綠、紅、黃、白、黑相映，像是一幅美麗的圖畫。但入口後餅皮是軟的，餡料是鹹的，只好猛喝礦泉水解渴。又加點了半隻烤雞充飢，雞皮上塗了太多鹽，也鹹得難以入口，只好倖倖而歸。

有一晚特地去一家著名的 Alla Ramp 餐館品嚐羅馬名菜烤乳豬，並點了蘑菇汁寬麵（penn with Mashroom sauce）相配。這家餐館在西班牙廣場附近，佔地利之便生意很好，但滋味並不高明，價格也貴。世界上許多國家都有烤乳豬這道菜，滋味有高下之分。西班牙烤乳豬聞名歐洲，中國廣東的烤乳豬稱霸天下，都皮脆肉嫩，鹹淡適中，香氣撲鼻。羅馬烤乳豬傳自西班牙，滋味卻絲毫無法相比，皮不脆肉不香，連皮帶肉都鹹得要命。寬麵（penn）是一種加了雞蛋揉製的麵條，形狀寬而短。那盤蘑菇寬麵看起來美味，醬汁也是鹹滋滋的。

我當下大為光火，向侍者抱怨一番，他連聲抱歉的說兩道菜都可以退換。饑腸轆轆之下，我只要求將蘑菇寬麵換成意大利燉飯（risotto），留下烤乳豬墊墊肚子。大約十分鐘後，他才端來我們的燉飯，滋味倒是不壞，香濃的番茄與乳酪滋味和白米飯交融，味如醍醐，雖然味道偏鹹，仍吃得精光。

我們在羅馬唯一差強人意的一餐，竟是偶然在鬥獸場前的「鬥獸人」（Gladiator）露天餐室中吃到的便餐。這家以好萊塢熱門電影為名的餐館並不知名，但烹調很用心。前菜是蜜瓜火腿、混合烤蔬菜，主菜是蘑菇醬小牛排。香甜的哈密瓜配略鹹的帕瑪火腿（parma ham），原來是西班牙菜，也風行於意大利。正宗的羅馬吃法，是帕瑪火腿配無花果。

地中海氣候的意大利盛產蔬果，蔬果晒足了陽光後滋味甜美，新鮮飽滿得像能掐得出水來。混合烤蔬菜中有番茄、夏瓜、茄子、洋蔥、馬鈴薯、紅椒，只灑點橄欖油和細鹽焗烤熟，顯出天然蔬果的清甜之味。蘑菇醬熬得鹹淡適中，澆在烤得剛剛好的小牛排上。我們在高照的艷陽下，在鬥獸場中走走看看了兩小時，又餓又渴，頃刻間把滿桌菜一掃而空。

餐後，我們仔細端詳那建於西元八十年的古鬥獸場。天空藍得像海，圓弧狀的鬥獸場缺了一角，映在藍天上有種殘缺之美。鬥獸場外牆上有著形同蜂巢的坑坑洞洞，是古羅馬帝國時特地開鑿的小圓洞，以在節慶時張燈結彩之用。地下有交錯排列用來囚禁犯人與野獸的通道和密室，令人想起人獸相鬥的血腥與殘忍。我慶幸人類文明不停的在進化，不必再目睹那些恐怖的場面。何況羅馬暴君尼祿的大餐不過只是烤雞腿，還比不上我們一頓夏日午餐的豐美恣意。

▲
左1：艷紅的番茄
左2：碧綠的夏瓜
左3：夏瓜花在意大利也是一種美食
右1：混合烤蔬菜
右2：蘑菇醬小牛排
右3：蜜瓜火腿沙拉

在羅馬如想吃到被陽光晒熟的新鮮蔬果、家庭醃製的火腿、手工製作的乳酪、用葡萄精釀的美酒，和對食物烹調的一種情意和執著，還是得親自到著名的農夫市場（Compo di Fiori）一行。那紅艷艷的番茄、綠油油的節瓜、黃澄澄的南瓜花、形形色色的鮮菇、多姿多采的意大利麵，無不令人眼睛一亮。金黃酥脆的炸南瓜花是節令美食，我好希望當時就可以買幾朵來炸炸，嚐嚐那帶著露水的花朵鮮味。可惜我們下榻的旅館貴而狹隘，連餐桌都沒有，遑論廚房，只好寄望來年了。

試試英國菜

▲英式糕餅滋味甜膩／華純攝

少時讀《徐志摩全集》，記得他寫了一篇有關英國菜的文章，開宗明義就說：「英國菜出名的難吃。」近年來有幾個去過倫敦的中國人，亦爭相訴說英國菜的難以下嚥，逼得他們每天跑倫敦的中國城解決民生問題。所以我這回去倫敦渡假，早有心理準備。

我一向認為飲食藝術是一國文化的精髓，無論去哪一國旅遊，都應入境隨俗，盡量品嚐當地的佳餚，才能瞭解該地的文化。所以即使再難吃，這回在倫敦也要捏著鼻子大吃英國菜。英國菜在講究飲食的中國人心目中或許難登大雅之堂，但在洋人心目中還是頗有地位的。我以前一位英裔的美國同事就告訴過我：如果到了倫敦，千萬別忘了嚐嚐「炸魚和薯條」（fish & chips），並來上一杯英國啤酒。英國人自己也頗以亞伯丁郡（Aberdeen）的安格斯牛肉（Angus beef）為榮，因為那是以提煉蘇格蘭威士忌的燕麥渣來飼養的，美味而滋補，比喝啤酒的神戶牛更勝一籌。於是品嚐這些食物都列在我的旅遊計劃當中，與參觀大英博物館和白金漢宮並列。

第一天中午抵達倫敦，風雨如晦。我們經過十小時飛行的折騰，到了旅館時不但累得七葷八素，而且饑腸轆轆。那時突然想起「炸魚和薯條」的滋味，於是便與外子攜手上街。旅館附近的肯辛頓大街（Kensington Street）上餐館不少，但招牌上寫的不是 pizza 就是 pizza，哪曾見到半家賣 fish & chips 的？只好隨便吃了點 pizza 充飢。

往後兩、三天，我才知道英國點的「炸魚和薯條」並不是一家家像美國一樣的專賣店，而是一種在酒館裡才能吃到的餐點，是最平民化的食物。據說英國的漫畫家們曾拿著經費屢被削減的英國皇室尋開心，畫了一幅很有名的漫畫，一邊畫著英國女皇舉著「停止經費緊縮」的牌子，站在白金漢宮門口示威；一邊畫著一名御廚向賣「炸魚和薯條」的店鋪傳諭，請他們快準備皇室晚餐的情景。可見這種食物在人們心目中的評價了。

旅途中的第三天，在莎士比亞故居的史特拉福（Strafford）小鎮，我們終於在一家酒館中吃到了嚮往已久的「炸魚和薯條」，滋味比我想的要好得多，原來英國的炸魚是

◀ 倫敦的酒吧情調好／華純攝

整片去皮的魚排裹上麵粉或麵包屑去油炸的，炸得外酥裡嫩，不像美國的炸魚切成塊，吃起來乾巴巴的。至於材料，用的大多是鱈魚，薯條則因為是現炸的，金黃香脆，帶有新鮮馬鈴薯的芬芳，而不像美國隨便撒上一把洋芋片充數，怪不得洋人要趨之若鶩了，這種餐價格很便宜，才四塊英鎊（約合六塊美金）。外子點了一客基輔雞，是雞胸肉內鑲以香草和奶油，再裹上麵包粉油炸，也十分美味，令人不禁對英國菜刮目相看。我們也點了當地出產的啤酒，叫 Flowers Best Bitter，酒色金黃，略帶苦味，味道接近德國的黑啤酒，這可說是我們在英國所吃過最滿意的一餐飯了。

至於亞伯丁郡的安格斯牛肉，我們在倫敦鬧區匹克狄里廣場（Piccadilly Circus）的「亞伯丁牛排屋」開了洋葷。此餐館的牛腰肉排八盎司賣七塊九毛英鎊（十二塊美金），配以炸薯條和青豆，價格算是十分公道。但肉質雖好，火候卻不佳，烤得既乾且硬，雖佐以法國紅酒，猛澆牛排醬仍難以下嚥，令人失望。怪不得某位名人曾云：「英國人殺一條牛要殺兩次。一次奪去它的生命，一次奪去它的滋味。」真是太悲慘了！

去參觀英國的羅馬古城巴斯（Bath，離倫敦約兩小時）的時候，在一家咖啡店吃到英國名菜牛排肉與腰子餡餅。原來那是以切碎的牛排肉和牛腰子做的餡餅，上面澆以肉汁，配菜還是千篇一律的炸薯條和青豆。牛肉粗老，牛腰帶臟氣，餅皮太厚，肉汁太鹹，實在難以下嚥，怪不得徐志摩會說英國菜難吃。我倒是覺得英國三明治口味一流，尤其是下午茶中的小三明治。麵包質地柔軟細緻，塗上許多奶油或美乃滋，無論夾上黃瓜乳酪，或夾上燻鮭魚，都令人欲罷不能。英國的牛奶含脂量高，做出來的奶油特別甘美，值得一記。

至於英國的甜點，此行則吃過太妃糖布丁和覆盆子乳酪蛋糕等。英國人所謂的布丁（pudding）其實是一種甜鬆糕，味道接近鬆餅（muffin），而不是我們平時常吃的那種滑嫩的香草布丁。布丁已經很甜，上面再澆以黏稠的太妃糖汁，甜得令人頭皮發麻，我吃了兩口就放棄了。覆盆子乳酪蛋糕則是塗了一層厚厚的覆盆子果醬，我覺得味道不錯，比美國青豆好吃。

總之，我對英國菜的整體印象是厚重甜膩，菜色單調，熱量有餘而滋味不足。看來連英國人自己都不覺得英國菜有什麼好吃的，放眼倫敦鬧市，最常見的就是意大利餐館，其他則有法國菜、印度菜、泰國菜、中國菜、日本菜，甚至瑞士菜或黎巴嫩菜，但就沒有一家餐館是以正宗英國菜為號召。據説在今天的歐洲各國中，英國的烹調技術敬陪末座，有誰想到十八世紀時它竟還是全歐洲所稱道的「美食之國」呢！當時連巴黎的名廚都要師法倫敦，而安妮女王因精於飲饌之術，更被封為「美食女王」。後來英國大概忙於殖民擴張，無暇講究烹調，使得傳統的食譜逐漸失傳。據説近年來有人從事收集失傳英國食譜的工作，希望能重振英國的美食之風。我希望不久後就可以看到成果，那時觀光客就有口福了。

倫敦的下午茶

▲ 英式下午茶談笑晏晏

今年會決定去倫敦渡假，有幾分是衝著下午茶去的。我自己有喝下午茶的習慣，喜歡那種悠閒的情調，總想見識一下正宗傳統的英國下午茶。何況我覺得長日漫漫，下午茶的確有存在之必要。想當初自己還在電腦公司上班的時候，到了下午四點總覺得精神不濟，那時來上一杯咖啡，兩片餅乾，馬上就精神振奮，可以繼續和電腦程式奮戰到黃昏。因此我很能體會英國民歌中所說到的：「當鐘敲響第四下時，一切的活動皆因茶而停止」的心情。

事實上，英國這個四點鐘喝下午茶的傳統，是在一八四〇年時由一位叫貝德佛公爵夫人（Dutchess of Bedford）所創立。因為她每天到了下午四點時總覺得又餓又累。但後來居然有許多人仿效，因而傳遍全國。如今連英國的各大公司行號都有明文規定的「下午茶」時間，還發生過不少員工為「下午茶」時間的長短、有無而罷工的事件，可見它在英國人心目中的重要性了。當初美國也是因為茶稅糾紛而脫離英國宣告獨立的呢！

如今倫敦最著名的喝下午茶的地方是麗池大酒店（Ritz Carlton），以夾有胡蘿蔔和榛實的三明治而著名。但價格也最貴，每人要二十一英鎊（三十二塊美金）。我們到倫敦的第二天，冒著雨由哈羅德（Harrolds）百貨公司走了一個小時才到達位於匹克狄里的麗池大酒店。當時又冷又累，迫切的需要一壺熱茶和幾塊三明治果腹，但卻被拒絕入內。原因是此處的下午茶以衣香鬢影、氣氛高雅著稱，外子卻穿了一條煞風景的牛仔褲。我們也沒有事先預約，只好怏怏而歸，算是碰了一鼻子灰。

後來聽說佛南與梅森（Fortnum & Mason）既不需要預約，也不需要盛裝，便在最後一天下午，逛完大英博物館之後到那裡小憩一番。這家店是一家歷史悠久的百貨公司。一樓的食品部，以紅黃兩色的紙花為飾，佈置得典雅溫馨，販賣果醬、聖誕布丁、芥末、太妃糖等各種英國土產，也是購物的好地方。要喝傳統的下午茶要到四樓的聖詹姆斯餐廳，時間是下午三點到五點半，花費每人十塊英鎊（二〇〇九年的價格是三十英鎊）註，尚稱合理。另有一種流行於蘇格蘭的 high tea。除茶點之外另加烤肉、烘蛋或煎火腿，幾乎可以當晚餐吃了，貴個幾英鎊，我們點的當然是傳統的下午茶。

點心是用三層鍍金的小架子送上來的，做得十分精緻。上一層裝的是各色迷你三明治，計有蘇格蘭燻鮭魚、蝦夷蔥乳酪黃瓜，和芥末烤牛肉三種。最下一層有四個剛烘好的小圓餅，還是熱的呢！中層則盛草莓果醬、奶油、吃圓餅專用的凝結乳脂。凝結乳脂是英國狄文夏爾郡（Devonshire）的特產，根據紐約時報所出版的《食品百科全書》的記載，作法就是以未經高溫殺菌的濃乳，在天氣溫暖時置於室溫中十二小時，再加熱冷卻而成。夾在圓餅中吃起來甜濃香滑，確是絕配，三明治也新鮮可口。

▲ 點心裝在三層架子裡

紅茶則有好幾種可供選擇，我們點了皇家紅茶。英國人喝紅茶習慣加奶，加不加糖隨意。茶具是精美的白色骨瓷，光潔的桌布上插著鮮紅的康乃馨，餐室中洋溢著弦樂四重奏的旋律。客人皆輕聲細語，談笑晏晏，侍者則斯文有禮，善體人意。在這種氣氛下喝茶吃點心，無疑是一種物質和精神上的享受。我們總算見識了英國文化中優雅高尚的一面。

我不禁想起中國式的喝茶吃點心——廣東人的飲茶。它的由來原是為商家談生意的需要，通常飲的是「早茶」。一大清早到茶樓，來上一盅兩件。茶點吃完，生意也談妥了。但因點心好吃，遂逐漸普及於大眾。茶樓總是吵雜的，如今不要說談生意，連朋友之間的閒聊都很困難。通常一頓飲茶下來，連嗓子都喊啞了。茶樓中既無鮮花，亦無弦樂四重奏，

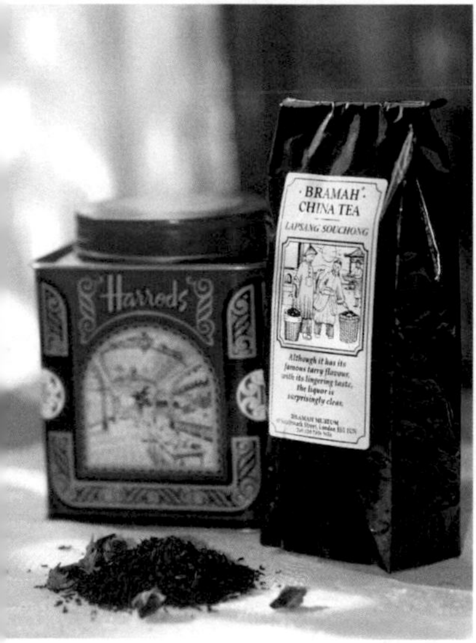

▲左：英國茶葉特寫／華純攝　　右：優雅的英式下午茶

想必店家對茶點的美味深具信心，所以不需要任何東西來陪襯了！

一般人都認為英國人冷漠嚴肅，中國人則熱情好客，這兩種迥異的民族性格，是否也在飲茶的文化中表露無遺了呢？

註：英鎊今年貶值一半，當年的十英鎊相當於十六美元，現在的三十英鎊大概是二十四美元。

德國菜之旅

▲ 德國美景

一般人想到德國菜，馬上想到德國香腸和烤豬腳。這種聯想是正確的，德國人確是個肉食的民族。一般德國的菜單上幾乎看不到任何海鮮菜餚，連青菜沙拉都很少見。主菜通常是肉，配菜大多是馬鈴薯沙拉，旁邊再點綴幾片可憐兮兮的生菜，厚重而又油膩。

憑良心說，德國人做肉食的手藝的確有一套，成品無不甘腴芳潤，適口充腸，比另一個重肉食的國度——美國——要高明得多。喜歡吃肉的人吃德國菜一定會大呼wonderful，得其所哉，譬如我的另一半；口味清淡，喜食魚蝦蔬菜的人，可能吃兩天就

▲ 德國美景

覺得消化不良，到處找海鮮吃，譬如我。

幾年前我們夫妻倆曾做為期一週的德國之旅，遍遊萊因河谷及慕尼黑，那幾天的飲食經驗終生難忘。德國的旅館都是附早餐的，菜色非常豐富。除了牛奶、果汁、各色麵包外，還有多種切片的火腿和起士，我早餐習慣吃素，佐以大量新鮮水果，火腿算是被我辜負了。午餐呢，我們大多在沿途小鎮的餐館吃德國香腸加白酸菜，佐以德國啤酒。這倒不是因為我們喜歡吃，而是因為這種吃食最普遍的緣故。在德國吃香腸，就像在美國吃漢堡，或在台灣吃滷肉飯一樣，最平民化也最物美價廉。

我們由紐約飛到德國的法蘭克福後，便租了一部德國車，取道著名的「羅曼蒂克小徑」（The Romantic Way，直奔德國南部的慕尼黑。這條路因貫穿許多德國浪漫時期風味的小鎮而得名，風景如畫，我們沿途因不諳德文，鬧了不少笑話。這些小鎮餐館的菜單都是純德文，找不到半個英文字。不過 bratwurst（豬肉腸）和 sauerkraut（白酸菜）這兩個德文字，已成為美式英文的一部分，我是認得的。為了省事起見，乾脆每餐都吃它。

德國肉腸在美國東部很普遍，白酸菜在紐約市更是到處可見。你如果在紐約曼哈頓第五大道上的熱狗攤子吃熱狗麵包，攤販一定會問你要不要夾點白酸菜。其實從熱狗的正式名稱「法蘭克福腸」（frankfurter），我們也不難發現熱狗其實原來也是德國人發明的香腸之一。只不過熱狗的原料是牛肉，而 bratwurst 的原料是豬肉罷了。

德國人善製香腸，這是保藏肉食最好的方法之一。原來內餡是肉類，後來則遍及各種素材。有一種肝腸（德文為 liverwurst），是把牛肝絞碎灌成的腸子，吃了令人齒頰留香，是我最愛吃的德國香腸之一。據說還有一種叫 Pinkel 的香腸，灌的內餡是麥片和豬油，是漢莎（Hansa）地區的特產，通常伴著捲甘藍（curly Kale）一起吃，聽起來不怎麼美妙。總之德國香腸的種類多得數不清，餐館裡常掛著各式各樣的香腸，任由食客選用。德國也到處都有香腸專賣店，可惜我倆德文鴉鴉烏，又乏高人指點，只敢吃那幾種我們已經知道的，無形中錯過了許多嘗試德國美食的機會，這是自助旅遊的壞處之一。

不過德國製的豬肉腸和白酸菜的味道，真是好極了。豬肉腸也是白的，有煮的也有烤的，德國盛產黑毛豬，品質和台灣南部所產的不相上下，肉質香嫩，加上香料調味，鹹淡剛好，腸衣薄而有彈性，一咬即破，流出大量的肉汁，有令人一吃還想再吃的魅力。白酸菜的原料是高麗菜，將其切碎加鹽，放置一段時日，便會發酵變酸，就可以拿來食用了，配香腸剛好，可以中和豬肉的油膩。德國白酸菜的酸味很特別，和台灣用芥菜做成的酸菜是完全不同的。中國東北的酸菜是用大白菜做成的，有一種清爽的酸味，和德國白酸菜的滋味也完全兩樣。不過在本質上，這些酸菜都有相同的方法和目的，「靠山吃山，靠水吃水」，令人佩服人類頭腦的靈活變通。

吃德國香腸，千萬別忘了德國啤酒。德國啤酒的種類很多，大致分為黑、白、生、熟四種。德國允許私人釀酒，各城各鎮都有自己的招牌啤酒。在德國各小鎮吃香腸，配上當地所產的啤酒，是旅途中的賞心樂事之一。德國餐館的酒單中所列的啤酒，往往洋洋灑灑有數頁之多，看得人眼花撩亂，除了純味的外，還有加料的。在啤酒中摻入番茄汁、橘子水甚至優酪乳來飲用，是德國人特有的發明。我曾點了一杯加優酪乳的啤酒來開眼界，只能說是「味道很特別」，不太能欣賞。我有一位好友的父親是德國第一代移民，他常看到他爸爸把番茄汁加在啤酒中飲用，總覺得不能理解，聽了我在德國的見聞後，他才恍然大悟。那大概也是一種德國移民的思鄉情懷吧！

德國啤酒往往裝在冰凍透了的大玻璃杯裡，冒著金黃的氣泡，十分誘人。一飲而下，只覺得冷香適口，風味蔓絕，難怪名聞天下。中國的青島啤酒和美國的 Lowenbrau 都是德國啤酒的子孫，風味庶乎近之，又有所不及。那股子清香悠遠、甘洌爽口的勁道，還是差那麼一點。這可能就是「本尊」和「分身」的區別吧！

我在德國玩了兩三天，受盡了看不懂德文菜單和路標的苦頭後，終於悟出了生存之道。我到當地的書局買了兩本字典：「德英」和「英德」口袋辭典。德英用來閱讀，英德則用來做口頭溝通之用，每到餐館就掏出那兩本字典，很認真的研究起菜單來。終於看出來一些門道，也著實品嚐了好幾道德國美食。

印象最深刻的是在慕尼黑大學附近的一家餐館，吃到極美味的德國烤豬腳。那真的是整隻豬腳連皮帶骨的去烤熟的，看起來紅噴噴、油汪汪，肉極厚又烤得外焦裡嫩，絲毫不帶血跡，配菜是馬鈴薯沙拉，佐以生啤酒。遺憾的是太大塊了，我很努力的吃了半個蹄膀，就飽得什麼都吃不下。次日醒來，整天覺得食慾不振，只想吃點清蒸魚，或來碗魚生粥果腹。無奈這兩道菜都是德國餐館找不到的，只好猛跑中國餐館打牙祭了。

海德堡是德國最美麗的城市之一，是電影《學生王子》的舞台。我們也路過海德堡，在著名的古堡中參加了啤酒大會。時值

◀ 德國烤豬腳

九月，德國人最引以為傲的「十月啤酒節」（Oktoberfest）已掀起了序幕，海德堡古堡內堆滿了啤酒桶，聚集了許多年輕人，大家飲酒談笑，由啤酒桶裡汲取啤酒，一杯接一杯，其樂融融。但置身其中，我總覺得少了點什麼。原來我期望看到的是像電影《學生王子》，或歌劇《茶花女》飲酒歌中的那種狂歡高歌，大家熱烈的痛飲，一副「四海之內皆兄弟」的融洽。德國人卻是個內斂的民族，內心友善，嚴肅的外表卻常給人難以親近的觀感，再加上語言的隔閡，那晚我們置身在那擁擠的海德堡古堡中，竟覺得我們是兩個不折不扣的寂寞異鄉人。

德國人大塊吃肉，大碗喝酒，令人驚訝的是那裡的女人纖秀嬌小，身高不足一六〇公分，體重不足一二〇磅。男人有許多甚至比我矮小，和我印象中大塊頭的德國佬大異其趣。詢問其故，原來德國北部人有北歐的血統，身材較高大，菜色也近似北歐，喜吃生冷海鮮，我當時去的是德國中南部，那裡的德國人比較近似奧地利人，身材矮小得多，也愛吃肉。至於為什麼吃那麼多肉食還長不胖，是食量小的緣故。我所吃的那一大塊烤蹄膀，他們一生吃不到幾回，平時大多以冷肉和香腸充飢。啤酒就和葡萄酒一樣，含有大量的黃酮素，可以溶解肉食脂肪中的膽固醇，因此他們得心臟病的比例不高，難怪要把啤酒當水喝了！

德國大文豪歌德也是個美食家。吃是生命的泉源，有創造力的人很少會對吃沒興趣。哥德的故鄉在法蘭克福，那裡的名菜是一種綠色的牛肉湯。湯會變成綠色，是因為加了大量磨碎的香草的緣故。歌德熱愛這道菜，認為是天下第一美食。至於喜歡吃漢堡（hamburger）的人，應該感謝德國人發明了這一項飲食文化上的寶貴資產。漢堡的老祖宗是德國漢堡市（Hamburg，位於易伯河上）的一種牛肉餅，傳到美國後竟成為「國食」，前美國總統柯林頓先生最鍾愛的食物就是漢堡，MacDonald's 和 Burger King 賺得盤滿缽滿。

我覺得在炭火上現烤熟的德國牛肉漢堡滋味絕佳，只要灑上一點椒鹽就好吃得很。像美國 MacDonald's 那種猛灑番茄醬和芥末的作法，反而破壞原有的風味。肉食在講究美食的中國人心目中一向不登大雅之堂，所謂「肉食者鄙」，素食的人到德國還有可能會活活餓死。其實肉食如果調理得好，很值得大嚼一番，在這一點上德國菜做了最好的見證。

匈牙利美食狂想曲

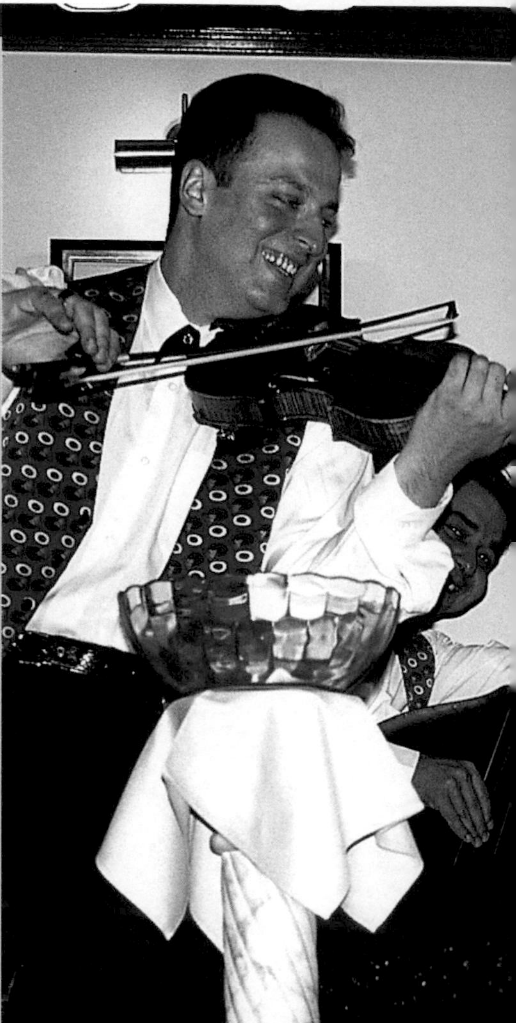

▲ 匈牙利狂想曲

在到布達佩斯之前，我對匈牙利菜可說是毫無概念的。除了知道他們喜歡用紅椒粉（paprika）調味，而名菜是「牛肉湯」（beef goulash）之外，其餘皆一無所知。

匈牙利天氣陰寒，又曾被共產主義統治了三十年之久（一九五九~一九八九），民生凋敝，我總先入為主的認為當地食物乏善可陳。況且我在德國喝過匈牙利牛肉湯，滋味只是差強人意。而美國人乾脆把清湯改成滷汁並拌上寬麵條食用，幾乎變成牛肉大滷

▲ 藍色多瑙河流貫布達佩斯

麵，真是「橘逾淮為枳」，化身為另一種食物了！所以當我在某書上讀到匈牙利菜味似中國菜時，心中大不以為然。沒想到這回在匈牙利住了兩個禮拜之後，我竟也不由得認同了這種看法。

一般說來匈牙利菜雖厚重，但滋味頗佳，可說深得烹調之要旨。匈國因僻處內陸，菜餚以肉食為主，但種類齊全，除了雞、鴨、牛、羊、豬肉外，也吃鵝肝、豬肝、牛肝等內臟，並有鹿肉、野豬肉之類的野味。「紅椒雞」（paprika chicken）或「紅椒牛肉」（paprika beef）則是最常見的佳餚，配著味似中國麵疙瘩的 Gnoucchi 麵條食用，是一頓物美價廉、適口充腸的好飯。

提到匈牙利麵，他們還有一種正方形

的名叫 kocka 的麵條，把它加點糖配上醃過的高麗菜炒熟，你猜味道像什麼？像台灣客家人愛吃的「菜包」！滋味半甜半鹹的，充滿鄉土氣息，匈牙利人把它伴著烤鵝腿食用，是一道可在布達佩斯的「市場大樓」（Market Mall）中吃到的匈牙利小吃。

至於魚類菜餚，匈國境內多內陸湖，以鱒鯉所烹製的菜色不少。他們也偶爾食用鮭、鱸（perch）等海魚，但價格高昂，多半不新鮮。在匈牙利時還是暫時忘掉新鮮魚蝦的滋味，多吃點肉類進補吧！但凡事總有例外。我曾在匈牙利的宗教首都艾斯特拱（Esztergom）吃到一道主菜「炸鱸魚」（fish filet a la crly），它是用加了啤酒的麵糊去炸熟的，外酥裡嫩，乍吃之下，我還以為是上海名菜「麵拖黃魚」哩！而菜價不過七百伕陵（三美金）大概是因為艾城地位偏僻，生活水準較低的緣故。

湯和沙拉則是匈牙利飲食文化中的精華。加麵的「牛肉湯」肉嫩湯鮮，香濃熱辣如川味牛肉麵。而「清雞湯細麵」（ujhazy chicken soup）中有雞丁、青豌豆、紅蘿蔔，清淡鮮美如粵式的雞絲湯米粉。還有一道非常別緻的「酸櫻桃冷湯」（sour cherry cold Soup），湯中放了大量的酸奶油（sour cream）來中和櫻桃的酸味，並略加鹽糖調味，滋味半甜半酸的，令人想起中式酒席中用來消油解膩的壓軸甜湯。

此外，提斯沙烤鴨（tisza duck）外焦裡嫩，風味似中國香酥鴨。而炸豬排（wiener schnitzel，可用豬排代替小牛排）焦香酥腴，配著白飯和生菜沙拉食用，也有點像台灣的排骨菜飯。要注意的是：這些主菜的份量都非常多，以台灣人的食量，兩個人合點一份也就夠了。然後再用省下來的錢多品嚐一些沙拉和甜點，你就晉升為「匈牙利美食通」了！

由於主食厚重的關係，匈牙利的沙拉多半清淡。他們不用任何濃乳式的沙拉調味醬，而只用糖、鹽和醋，黃瓜片、萵苣葉、番茄塊或高麗菜絲略醃，就成為開胃爽口的生菜沙拉了，這點也像中國菜。

在甜點的製作上，匈牙利菜超出中國菜遠甚。我認為其中滋味最佳的是「葡萄酒乳

▲ 匈牙利牛肉湯

▲ 黃瓜沙拉酸甜適口（上澆優酪乳）

酪蛋糕捲」（tokaji rolunda）和「松蘿餃」（somloi galuska）。前者是將葡萄酒與糖加入軟乳酪（cream cheese）中做成餡心，四周再圍上鬆軟的海綿蛋糕，糕上則以鮮奶油和葡萄粒為飾，滋味好得出奇。後者則在冰過的蘭姆酒葡萄乾蛋糕上，用巧克力醬和鮮奶油排出美麗的圖案，清甜爽口。

我未去匈牙利前便聽過托卡依葡萄酒（Tokaji）的大名，知道是世界三大甜酒之一，卻從未喝過，大概是因為產量有限，供應自己人都不夠的緣故。抵達布達佩斯後，它卻像幽靈似的無所不在。無論是在餐館、菜市場或瓦西街的商店中，總有人殷勤的勸我來一杯托卡依，或請我買一瓶回家當紀念。原來它有好幾種口味，有很甜的，也有不甜的。不甜的飯前用來開胃，甜的則在飯後當甜點酒飲用，味道都不錯。有些餐館甚至在你一坐定後，就用托盤送來一杯杯倒好的托卡依請你品嚐。那琥珀色的醇酒裡還浮著一顆暗紅色的櫻桃，酒香撲鼻充滿了誘惑。

匈牙利以農立國，農產品新鮮豐富，葡萄也長得又大又甜。到布達佩斯的市場大樓（Market Mall）一逛，鵝黃的甜椒、紫色的蕪菁、鮮紅色的小蘿蔔，與一串串深紫淡綠的葡萄相映成趣，好一個繽紛多彩的蔬果世界！更有那托卡依葡萄酒專賣店擺出一瓶瓶造型各異的醇酒，等著買家的鑑賞挑選。那些玻璃酒瓶，有直筒的，有扁圓的，有乾脆做成葡萄串的形狀的，在燈光下閃閃發光，晶瑩剔透，像是稀世的珍寶。它們大多是所謂的 Tokaji asuzu，是一種「貴腐葡萄酒」（Botrytis Cinerea wine）。

Tokaji一詞 原為地名，在匈國東北部，是世界最早的貴腐葡萄酒發源地。Asuzu 匈牙利語中意為「蜂蜜」，指的是這種酒味甜如蜜。但根據我的品嚐心得，它其實只能算是「半甜」，甜度還不及美國的「晚收成」。原料並不完全是貴腐葡萄，而是按照一定的比例混入普通葡萄所釀成。不過它果香濃郁且不易醉人，很適合初學者飲用。況且它每瓶價格不過在兩萬五千至五千伏陵（十一至二十三美元）之間，比加拿大的「冰酒」便宜得多，也很適合一般人的購買力。

另有一種名叫 Tokaji Essencia 的葡萄酒，真的是其甜如蜜，是由百分之百的高糖分貴腐葡萄所釀成的，價格昂貴，在市面上也很罕見，我在那裡時並未見過。據說在中古歐洲，它被認為是有長生不老療效的「帝王酒」，還常引起貴族間的互相爭奪呢！因此到匈牙利大啖美食充飢之餘，也別忘了來一杯托卡伊葡萄酒，和我共譜一首匈牙利美食狂想曲吧！

時尚捷克菜——魔鬼餐廳

▲ 穿古代服裝的捷克男女

捷克以美景、音樂、文化著稱於世，卻沒有什麼知名的「國菜」。英國有炸魚加薯條，德國有烤豬腳，瑞士有起士火鍋（fondue），意大利有披薩餅、通心麵，匈牙利有牛肉湯，奧地利有炸牛排，希臘有烤羊腿，俄國有羅宋湯，法國菜有鵝肝醬，但捷克有什麼呢？

我今春去捷克開會、旅遊一個星期，很意外的去了一家很特別的「魔鬼餐廳」，對捷克菜有了超越味覺的體驗。那是一場難忘的文化震盪，難忘的不在食物本身，而在餐館的創意和內涵。將餐館與「刑場」或「監獄」結合，是當今國際餐飲文化的時尚。這類時尚餐館專門表現人性的惡與世間的悲，和一般餐館所追求的真善美反其道而行，充滿了警惕與激勵的作用，也是種新奇有趣的噱頭。我那天在電視上看到意大利的比薩市立監獄內開了一家「監獄餐館」，從經理、大廚到侍者都是獄囚，現烹現煮的食物居然十分美味，服務也周到貼心，座無虛席。捷克這家「魔鬼餐廳」的服務人員都是不折不扣的良民，以捷克十七世紀「刑場」做為餐館的主題裝潢，乍聽有點恐怖，其實熱鬧好玩，客似雲來，對我而言也是一種全新的飲食體驗。

「魔鬼餐廳」位於捷岱尼采（Detenice）村，離世界文化遺產古城庫特納・霍拉（Kutna Hora）只有半小時的車程。庫特納・霍拉是捷克「斯拉夫時代」的中心城市，因產銀而繁榮興盛，有著名的聖塔巴巴拉教堂。庫特納・霍拉在古代曾遍布著採礦人臨時搭建的帳篷，一直到十四世紀英明的瓦茨拉夫二世（一二八三～一三〇五）興建了宏偉的皇宮、鑄幣廠、修道院、教堂，才搖身一變為美麗的皇城和繁榮的工業城市，如今仍是「布拉格鑄幣廠」的所在地。

庫特納・霍拉的市中心在烏赫里斯（Vrchlice）山的邊緣，我們沿著山谷漫步，悠閒的參觀歷史遺跡，如蔭的綠樹中聳立著一座座雅麗的古建築，恍如回到了十四世紀的

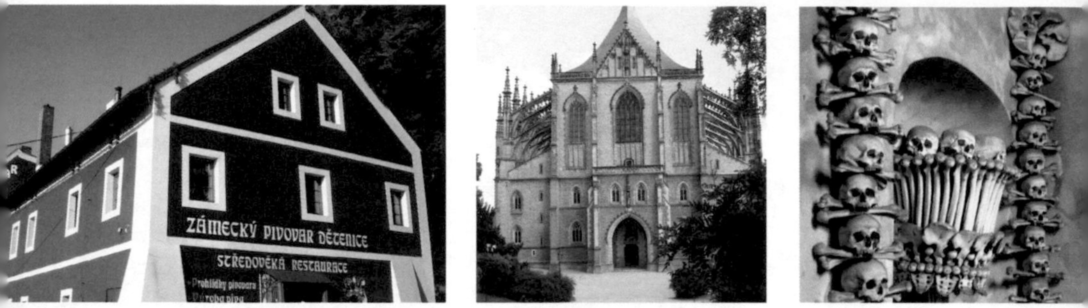

▲左：魔鬼餐廳　中：Kutna Hora 的歌德式教堂
右：成堆的骷髏頭（Seldec市的白骨教堂）

光景。那精彫細縷的聖塔巴巴拉教堂，中間的三個大尖屋頂被四周的小尖塔圍繞著，看起來像一頂閃爍的王冠，是歌德式後期的建築。巴洛克式的皇宮建築宏偉，中庭寬闊。門口貼著一張七彩的海報，俊美的帝后都垂著耀眼的金色長髮，有如天仙下凡，原來是「現代版」的瓦茨拉夫二世帝后。再往裡走，裡面展出歷代皇帝的照片，走廊有一個老工匠慢悠悠的表演打造銀幣的過程，聲音清脆鏗鏘。

參觀了庫特納・霍拉，又去了附近位於塞爾岱克（Seldec）的白骨教堂，家住附近的捷克華裔作家李永華説要給我們一個驚喜，結果帶我們去了「魔鬼餐廳」吃晚餐。李永華先生在捷克做生意，寫得一手好詩，對餐館的品味亦是不凡。「魔鬼餐廳」無論建築、菜色、服務、裝潢、服裝、節目，都一直保持十七世紀當地「刑場」的特色，外觀像監獄，侍者裝扮像獄卒，表演者也扮成神父、犯人、劊子手等，不停的表演著各種刑罰整人的過程，穿插著精采的歌舞節目，從頭到尾絕無冷場。表演者有玩蛇的、跳肚皮舞的，將犯人絞死的，或將異教徒關在籠子裡燒死的，尖叫聲、喝彩聲，再加上快節奏的音樂，讓大家的情緒馬上high了起來。

我們白天剛參觀過骷髏成堆的「白骨教堂」，晚上又在這鬼氣森森的餐館裡用餐，深感捷克文化中陰森野蠻的一面，和布拉格的衣香鬢影、歌舞昇平，像是兩個不同的世界。那天我一走進餐廳，只見光線陰暗，牆上裝飾著各式各樣的獸皮，如雲的食客加上眾多的表演者，擠得水泄不通。有一對穿著十七世紀捷克服裝的男女站在烤爐邊迎賓，烤爐裡燃燒著木炭，燒烤著蘋果。我們走到木桌坐下後，一個打赤膊的侍者出來招呼，手臂上都是刺青，下身穿獸皮褲，一隻耳朵上戴著銀耳環。他拿下項鍊上所繫的原子筆，記下我們點的菜後就消失不見了。一個穿紅衣的妖艷肚皮舞孃接著上場，款擺著柔軟的腰肢和豐滿的上圍，鼓動起歡樂的氣息和浪漫的情緒。有位熱情的男士不禁上前邀舞，和她對跳起華爾茲來。

當我們輕啜著捷克紅酒的時候，一個繫紅綢腰帶的壯男突然從我們身後閃了出來，身上盤著一條白皮黑斑的大蟒蛇，不停的吐著蛇信，把我們都嚇了一跳。接著一個瘦小的掌燈人默默的走了出來，披著土黃色斗篷，手拿昏黃的煤氣燈，雙眼露出哀戚的神情。他的身後還垂著兩條疲軟的人腿，我們抬頭一看，原來天花板上吊下一個剛處絞刑

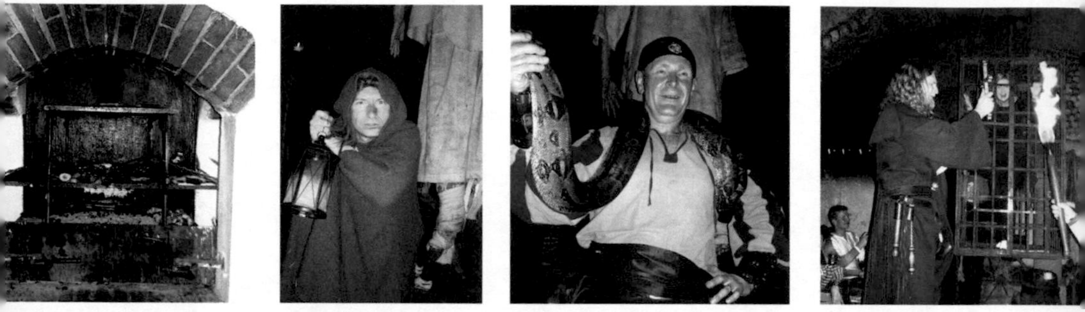

▲ 左：炭火上的烤蘋果　中1：掌燈人　中2：玩蛇
右：為火刑犯人祈禱的神父

而死的犯人。我們被這一連串的景象震驚得說不出話來，侍者適時端上了開胃菜軟乳酪，讓我們喘一口氣。那塊軟乳酪正正方方的放在小碟子裡，入口是濃郁的洋蔥香，質地細膩溫潤，不腥不羶，配著紅葡萄酒尤其美味，總算沖淡了一些恐怖的氣息。

接著，侍者端上了用炭火慢烤而熟的蘋果，每個人分到半個。捷克天氣陰寒，農產不豐，常吃的蔬果只有蘋果、包心菜、馬鈴薯、玉米等。我滿懷期待的嚐了烤蘋果，果肉酸澀沒什麼滋味，大夥兒紛紛露出掃興的神情。突聞嘈雜聲，原來不遠處正舉行某種儀式，把大家的情緒又鼓舞起來，不約而同的向那裡湧去。只見一個驚慌的女犯人被關在鐵籠裡，手攀著籠子不停的尖叫。籠外站著手拿聖經的天主教神父，悲憫的為她祈禱。原來在十七世紀的捷克，不信天主教的異教徒是要關在鐵籠裡燒死的。中國人對宗教有超乎尋常的包容力，總覺得西洋人打「宗教戰爭」或受宗教迫害而死，是件不可思議的事。捷克的宗教以羅馬天主教為主，並有猶太教、東正教等信仰。中世紀時捷克天主教會的權力很大，有權處死異教徒。近年來捷克共產主義的「無神論」風行，宗教自由的氣息瀰漫，教會也不涉入政治活動，這種殘酷的火刑當然也成為歷史陳跡了。

看完了火刑儀式後，我們走回餐桌繼續我們未完的晚餐，侍者也端上了我們的主菜「混合烤肉」。中國的死刑犯「上路」吃的最後一頓飯，照例有酒有肉，讓他們可以高呼「十八年後又是一條好漢」。那捷克死刑犯的「最後的晚餐」又吃些什麼呢？那一大盤「混合烤肉」包括烤肉串、烤香腸、炸牛肉餅、烤雞翅、烤玉米等，看起來豐盛引人，其實虛有其表。我先從烤雞翅吃起，入口就覺得鹹滋滋的。再試那串烤肉串，火候不佳，啃都啃不動。侍者最後又端上了甜點，是一塊填滿了果醬的蛋糕，又甜又膩。大概這些犯人死期將至，已無心於眼前的美食，所謂的「最後的晚餐」也只圖個形式吧！

此時大家都覺得又熱又吵，原來我們這頓飯已吃了兩個小時，便迫不及待的結帳走人。當我們終於走出餐館再吹到清涼的晚風，看到美麗的綠樹紅花時，心裡都充滿了惜福與感恩。原來人能好好活著不受罪，開心的觀賞美景、享用美食，是一種難得的福份，值得好好珍惜。我慶幸我只是個臨時的過客，而不是永恆的歸人。

來一杯荷蘭啤酒

在美國一般的酒吧裡，荷蘭產的海尼根啤酒（Heineken）因富有新鮮的啤酒香，人氣特旺，幾乎要蓋過美國土產的 Coors 或 Budweiser。海尼根也是世界第二大的啤酒釀造商（僅次於 Budweiser），但卻是全世界外銷量最大的啤酒，在每個國家都可以看到它的影子，包括台灣在內。

▲海尼根

荷蘭人好飲啤酒是出名的，阿姆斯特丹到處是啤酒館，而這些酒館的老闆也都以對

▲
左：荷蘭當地的長銷啤酒／丘彥明攝
右：荷蘭的海尼根啤酒

啤酒的知識淵博而自豪。要不是荷蘭小國寡民，啤酒消耗量一定不只佔全世界第二十位，因為它的啤酒生產量是全世界的第十四位，勝過國土比它大得多的澳洲。

有些荷蘭啤酒的名字非常有趣，反映出荷蘭輝煌的過去。如泰姬陵（Tajmahal）是荷蘭專為印度人所釀的啤酒，令人想起它曾佔領印度，成立「荷屬東印度公司」的風光時期。這是一種美式啤酒，為淡色的皮爾森（Pilsner），用許多的副原料來壓制苦味，並以大量的二氧化碳來增加清涼感，以配合印度那燠熱，動不動就超過攝氏四十度的天氣。

坂本龍馬（Ryoma Sakamoto）則是荷蘭所釀的「明治維新十二人組」啤酒中的一種，也是最受歡迎的。它也是美式啤酒，顏色淡黃，商標上還有坂本龍馬的肖像。這令人想起荷蘭人和明治維新之間的關係。

事實上，荷蘭人十七世紀就到了九州，並在長崎建立了他們的地盤。當時他們的天文地理、槍炮製造和御馬術都比日本人先進得多，日本人稱之為「蘭學」，誠惶誠恐的向他們移樽就教。「明治維新」發生在十九世紀末，有許多的理念便植根於「蘭學」，而九州人因長期與西洋接觸，思想前進，也成為明治維新的主力。

坂本龍馬便是當時長崎的一名浪人，他力主「討幕」，主張廢除德川幕府，還政於明治天皇，而在三十出頭就被幕府暗殺了。如今在長崎的葛羅夫園（Glover Garden，當時某英國富商的住所），仍可看到他的塑像。當時英國人最討厭幕府，坂本龍馬常在這兒和葛羅夫先生商量「討幕」大計，沒想到他的大名現在卻變成了某種荷蘭啤酒的名字。他如地下有知，恐怕會哭笑不得吧！

▲ 荷蘭有名的 Nijmegen Cafe Jose 酒吧，提供一百多種不同的啤酒／丘彥明攝

所以荷蘭人一方面把炸馬鈴薯餅（croquette）和戈答乳酪（Gouda）傳到了日本，一方面也把日本的名人介紹到荷蘭，並做為啤酒品牌，最能達到永誌不忘的效果。我覺得這一點頗富於創造力呢！

荷蘭人釀造啤酒的歷史很早，遠在十七世紀初，他們已在全美國遍設「西印度公司」，並在紐約的曼哈頓島成立第一家啤酒釀造廠。演變至今，荷蘭早成啤酒大國。

唐魯孫先生在〈啤酒嚌啜譚〉一文中，曾論及為何台灣啤酒的品質總無法在世界上佔一席之地，他認為主要還是天氣的緣故。釀啤酒的原料大麥和啤酒花，都喜歡寒冷的氣候，其中又以歐洲所產的品質最佳，所釀的啤酒也味冠全球。台灣的氣候炎熱潮濕，無法種植這兩樣原料，如今仍需仰賴進口，所以不但啤酒的品牌就只有一百零一種的「台灣啤酒」，滋味也平淡無奇，誠屬知味之談。

我覺得這造成台灣人對啤酒知識的普遍缺乏，而藉出國旅遊遍嚐各國風味啤酒，正可彌補這一方面的缺憾。幾乎每個歐洲國家都有啤酒節，最出名當然是德國的Oktoberfest，而荷蘭的啤酒節 Bokbier 定於每年十一月的第一或第二個禮拜在阿姆斯特丹舉行，是全世界歷史最悠久的節慶之一。台灣客如躬逢其盛，一定要把握機會痛飲一番，才不枉花錢到荷蘭一遊。喝時再配點荷蘭特產的戈答或愛達姆乳酪（Edam），也就更能領略這個鬱金香國度的風情了！

美洲珍饌

阿富汗菜與風箏節

我最近讀完了美國暢銷小說《追風箏的孩子》（The Kite Runner），激動不已，書中情節老在腦海中迴蕩，就像美國人所說的「被鬼迷到」（feel like haunted）一樣。因此特地去加州矽谷的「小喀布爾」（Little Kabul）吃阿富汗菜，又到伯克萊海邊參觀「風箏節」，賞藍天海景，暫時化身為男主角阿米爾，在阿富汗的血淚與風花雪月中，度過了難忘的一天。

▲ 章魚形狀的風箏

▲ 碧綠的酒瓶風箏

《追風箏的孩子》一書作者卡勒德・胡賽尼（Khaled Hosseni），是美國阿富汗移民的第二代，在舊金山東灣的佛利蒙市（City of Fremont）長大。佛利蒙市也是加州矽谷的一部分，最近剛跟喀布爾市結成姐妹市。當地住著一萬名左右的阿富汗移民，聚居在「小喀布爾」，那是個沿著佛利蒙大道（Fremont Boulevard），介於湯臣街（Townsend St.）和毛利街（Mowry St.）間的小區，分布著店鋪、教堂、戲院、餐館、診所、市場、加油站、住家，有獨特的中東風情。

卡勒德・胡賽尼在佛利蒙市的「小喀布爾」長大，根據真人實事寫成了這本鉅著。書中舞台除了戰亂的阿富汗外，當然還有平靜的「小喀布爾」。他說此書並非他的自傳，男主角阿米爾另有其人。胡賽尼本是位沒沒無聞的牙醫，就在「小喀布爾」執業，因此書而聲名大噪。我曾想扮成病患去看牙，見識一下他的廬山真面目，但上網苦查他的診所一無所獲。後來一個記者朋友才告訴我：他成名後日進斗金，早就不當牙醫了，在家專心寫書。

《追風箏的孩子》背景是動亂的阿富汗政局，主題是犯罪與救贖。對人性的刻畫入木三分，還有個大團圓的結局，因而風靡一時。我一翻開書，熟悉的地名一一跳入眼簾：一七、二八〇和八八〇高速公路，矽谷的聖荷西市、桑尼維爾市（Sunnyvale）、聖塔克魯茲市（Santa Cruz）、米爾比達市（Milpitas）、康貝爾市（Campbell），舊金山的海灣大橋、金門大橋等，不自覺的看了下去，廢寢忘食。

除了動人的情節外，書中多彩多姿的喀布爾街景，五花八門的阿富汗食物的色香味，栩栩如生，令人嚮往不已。市集中的烤羊肉瀰漫著焦香，大街上掉落的椰棗滋味蜜甜，山崗上的石榴鮮紅如血，小攤上的桑葚乾紫黑酸甜，都是阿米爾常吃的零食。午餐呢，他吃甜蕪菁醬拌飯，早餐是酸櫻桃醬佐南餅，配一杯紅茶。晚餐是美味的雞肉咖哩、肉丸或蔬菜雜燴，配以南餅或抓飯。下午的甜點心呢，可就要改成是杏仁餅配綠茶，或灑滿開心果仁的玫瑰香露冰淇淋了。

阿富汗和新疆接壤，食物與新疆相似，但風味各異。阿富汗的烤南餅，就是新疆的

▲ 阿富汗風十足的餐館裝潢

烤饢，是以油、鹽、麵粉烤製的麵餅，都源自印度的Naan bread。阿富汗人也愛吃手抓飯，席地而坐，分而食之，保留著遊牧民族的遺風，但口味又不同於新疆抓飯。新疆抓飯有以胡蘿蔔、洋蔥煮的羊肉抓飯，有放杏脯、蜜棗、葡萄乾調味的八寶抓飯等。阿富汗抓飯呢，卡勒德・胡賽尼所提到燉肉抓飯、雞脖子抓飯、香橙抓飯，和什麼都不放的素抓飯等，皆以奶油香草調味。

那天我們開車上二八〇和八八〇高速公路，再轉進佛利蒙大道，不久後就看到一些阿富汗風格的房屋，便下車直奔Salang Restaurant。Salang得過許多美食大獎，是這裡最著名的阿富汗餐館。一推開門，光線幽微，只有一對印度夫婦正津津有味的撕食著烤南餅，我們猶豫片刻才走了進去。游目四顧，牆上漆著鮮艷的阿富汗油畫，披頭紗的女人凝視著遠處的清真寺拱門，側影艷麗，臉上的神情痴迷哀傷，令我想起哈山的母親莎娜烏芭，一個悲劇性的美女。油畫旁垂掛著阿富汗掛毯，樸素古雅，襯著金黃的帷幕、深綠的餐巾、紅色的康乃馨，營釀出沉鬱歡樂的阿富汗氣息。門口還有個鮮紅的小時鐘，做成阿富汗領土的形狀。

▲
左：時鐘（形狀如阿富汗領土）
右：阿富汗美女

鐘下掛著一幅黑白照片，一群烽火中的阿富汗兒童露出迫切的神情，好像在呼喊著：「food! food!」

一個年輕的阿富汗侍者前來招呼，好久後才端來一杯冰水。我跟他搭訕，他操著不太流暢的英語，羞澀的説他剛滿十七歲，來美國三年，覺得美國雖好，無論如何比不上老家阿富汗。「他將來會不會是另一個卡勒德·胡賽尼呢？」外子問。誰知道呢？我聳聳肩。他又送來琳瑯滿目的菜單，我點了酸奶烤南瓜、碎牛肉湯麵當前菜，混合烤肉當主菜，配烤南餅和生菜沙拉。最後來份玫瑰香露冰淇淋當甜點，佐以冰紅茶。

阿富汗的烤南餅比新疆的烤饢好吃多了，外酥裡軟，有一股奶油香，不像後者又乾又硬，沒什麼滋味。酸奶烤南瓜很不錯，甜糯的南瓜泡在香醇的酸奶裡蒸熟，沾食烤南餅，滋味一流。據説回族人善製麵食，阿富汗人也不例外。維吾爾的羊肉湯麵就很清腴，純以洋蔥、番茄調味。但那碗以番茄、酸奶調味的阿富汗湯

▲左：酸奶烤南瓜　右：阿富汗烤南餅與沙拉

麵，又鹹又羶，一點也不合我的口味，我吃了兩口就放棄了。

烤牛肉有點老，烤雞肉卻很香嫩，配著素抓飯吃特別美味。這種抓飯比新疆抓飯好吃多了，香而不油。我查了資料，才知道那兒用的產於喜馬拉雅山脈的 Basmati 香米，飯形較長，散發特殊的果仁香氣，有「香氣女王」之稱，是世界上最昂貴的米。玫瑰香露冰淇淋上果然灑滿了開心果仁，除了玫瑰香外，還有小豆蔻（cardamon，新疆稱為「孜然」）的滋味。一口冰淇淋，一口香濃的冰紅茶，帶領我走進了阿米爾的世界。

飯後我們逛了一下教堂、市場，就驅車趕去伯克萊的東岸公園（Eastshore Park）看一年一度的「風箏節」。這個公園在伯克萊大學附近，臨著一灣碧藍的海灣。海風清涼，太陽炙烈，我戴上了寬邊草帽，循著長滿野生茴香、覆盆子和雛菊的小徑向海灣走去。舊金山灣區天候乾爽一如阿富汗，只見一群七彩繽紛的風箏已飄飛在天際，許多小孩在海灣旁邊放邊追，邊追邊喊，風箏飛得又高又遠，大人在旁邊喝采助陣，歡聲雷動。對岸就是位於小山上的奧克蘭城，風景如畫。

加州的風箏有的像外星人在高空遨遊，拖著長長的尾巴。綠草如茵的山坡上，有一隻肥胖的紫熊不停的在天際浮沉，令人鼓掌叫好。有一尾修長的綠蜥蜴則不支倒地，爬跌在山坡上，令人扼腕。還有三個孩子拖著一支碧綠的酒瓶，醒目鮮艷，始終屹立不搖，原來是「蒙特里葡萄園」的美酒。剎那間，我像是回到了童年的歡樂，又叫又跳，渾然忘卻了俗世的憂愁。我興奮的跟著風箏四處奔跑，不停的用相機搶鏡頭，欲罷不能。我小時候也喜歡放風箏，成年後卻與風箏久違了。

人類雖是萬物之靈，卻不如鳥兒可以自由飛翔，放風箏正滿足了人類想飛的欲望。飛吧！飛吧！讓我們隨著風箏飛向高遠的藍天！飛到阿米爾和哈山的世界，飛到烽火連天的阿富汗，飛到避秦的美國桃花源「小喀布爾」。恍惚中，我似乎看到修長的哈山鍥而不捨的追著風箏，謙卑的對阿米爾説道：「為你，千千萬萬遍」，也看到哈山被凌辱後悲憤的眼淚。我也看到哈山的兒子逃出烽火阿富汗後的笑臉，燦爛得像陽光。或許他就是這些千千萬萬的追風箏孩子中的一個？不同的是：我知道他將在「小喀布爾」自由的長大，擁有一個比哈山幸福的人生。

舊金山的米其林餐館——信不信由你

▲ 紅是 Sino 的主調

前年（二〇〇六年）十月，法國米其林（Michelin）公司終於出版了二〇〇七年份的舊金山美食指南，誠屬國際美食界的一大盛事。以前他們出過紐約、芝加哥的餐館評鑑專書，但舊金山還是初次成為他們的目標。這本書除了舊金山市區外，其實也包括面積寬闊的舊金山灣區、蒙特里半島，和附近納帕谷與索諾瑪谷酒鄉的好餐館。我身為舊金山灣區的居民，當然覺得與有榮焉。但我的心情一則以喜，一則以憂。

我一方面高興以後懶得做菜時，出外享用美食又多了一本實用的指南。一方面又擔心有些勢利眼的餐館，這一來更不得其門而入了。位於納帕酒鄉著名的「法國洗衣房」（French Laundry），是唯一得到米其林三星評鑑的舊金山餐廳。那裡的位子本來就難訂，一般要等四個月以上，現在恐怕要等半年了。價格又貴，晚餐套餐每份六百美元，如包括稅和酒水，每個人大概得付一千美元才能走出餐館大門。據說吳淑珍訪美時去吃過，還招待了一大桌客人。我等升斗小民，如何與扁嫂相比？

我有個醫生朋友十分講究氣派與美食，今年九月本想在「法國洗衣房」為他的老婆慶生，至少打了三小時電話才聯絡上訂位小組。結果對方告訴他得等到明年一月才有位子，老婆大人的生日早就過去了。他火大之餘改去了舊金山市內著名的「水」（Aqua）餐廳，品嚐法式海鮮大菜。這家得到米其林兩顆星評價，只要等一個月就有位子。價格也廉宜得多。據說他點了肥鵝肝、神戶牛排，老婆點了龍蝦，加上兩位陪客，共花了五百美元。感想是菜餚口味雖好，實在不值得這麼多錢。服務雖殷勤，餐廳裝潢卻很陳舊。最令他失望的是：食客大半是雞皮鶴髮的老公、老太太，跟他所預期的俊男美女有一段距離。

貴的餐館不一定好，有名的餐館也不一定好。再好吃的食物，如果等得太久，或價格超過標準太多，會讓我失去食慾。此外，米其林的美食密探大多是洋人，所推薦的不一定適合我的口味。歸根結底，米其林評鑑只能當參考，而不能奉為圭臬。我喜歡自己

▲ Sino 美味的廣東茶點之一

去發掘餐館，享受發現的驚喜。我喜歡食材新鮮、菜餚美味、價位合理、裝潢有格調、服務親切的餐館。不一定要食材昂貴，不一定要裝潢豪華，也不一定要服務殷勤。每份早餐不超過二十美元，午餐不超過三十美元，晚餐不超過五十美元，是我一般的標準。有些餐館用的是剛從菜園採來的蔬果，剛從水裡撈起來的鮮魚。麵包是剛出爐的，點心是現烤的。鹹魚、火腿是自己醃的，雪裡紅、泡菜也是自己做的，餃子皮、麵條是手桿的。烹調法又有創意，菜餚一定美味。侍者雖不常在身旁轉，但一見到我就親切招呼，貼心的端來我最愛喝的飲料。有時帶朋友去，經理還親自出來應酬，打個八折或贈送甜點，這樣的餐館最令我賓至如歸，去了還想再去。

我住在舊金山南灣的矽谷，閒暇時多半在新興小區 Santana Row 晃蕩，有些我心愛的餐館也出現在米其林推薦名單上，頗令我有知音之感。我喜歡去由新加坡華僑所經營的 Sino（中國餐館）吃現做的粵式點心，去 Blowfish 日本餐館吃鮮美的生魚片。Sino 我幾乎每週報到一次，有一回獨自在那裡喝 Amstel 荷蘭啤酒，吃炸芋頭餃，他們西裝筆挺的經理特來寒暄，說那頓午飯由他請客，令我受寵若驚。除了生魚片外，Blowfi sh 的創意壽司很受歡迎，但音樂太吵，只適合獨食或和「無聲勝有聲」的朋友共餐。我也喜歡去 Pizza Antica 吃凱撒雞肉沙拉，那雞胸肉的嫩而多汁、蘿蔓萵苣（Romaine lettuce）的甜脆、凱撒醬汁的鹹淡合宜，為我生平僅見，譜成了難忘的味覺交響曲。怪不得那裡的服務生忙得腳不點地，裝潢也一般，吃的真正是大廚的手藝。

但口碑甚佳的 Thea 中東餐館，和上過電視美食節目的 Park Place Restaurant 卻未上榜，令人叫屈。這兩家餐館也是我自己發現的，前者也在 Santana Row，後者就在我家隔壁的四星旅館內，我常邀朋友去聚餐，每個人無不對前者的中東麵餅、烤羊排、蜂蜜炸麵包，和後者的蟹肉玉米羹、波特貝拉蘑菇炸春捲（portabella marshroom springroll），和墨西哥風牛排沙拉（fajita steak salad）讚不絕口。有位朋友後來還一連帶客戶去 Thea 十幾次（週末晚上有肚皮舞表演），拉了不少生意，對我大為感謝，前幾天特地送了兩瓶名貴紅酒給我當聖誕禮物。

至於舊金山市內，我喜歡去「麗池大酒店」（Ritz Carlton）吃禮拜天中午的自助餐，「波士特里歐」（Postrio）吃自製意大利香腸（pepperoni）、海鮮通心麵和現烤披薩餅，「甲殼類動物」（Crustacean）吃以香料烤製的舊金山大螃蟹，「胖傑克」（Plumpjack）吃烤鴨胸配酸櫻桃醬，斜門（Slanted Door）吃越南五香雞、蝦捲、鯰魚

▲麗池（Ritz Carlton）外觀

煲，去「嶺南小館」（R&G Lounge）吃廣東油雞、避風塘螃蟹。這些好餐館也都在舊金山米其林的推薦榜上，頗令我覺得吾道不孤。

「麗池大酒店」的附屬西餐廳得到米其林一顆星的評價，但好奇的我無法一坐三小時只吃一頓晚餐，倒喜歡自助大餐有香檳、鋼琴助興，可以四處走動捕捉鏡頭。舊金山的時尚男女好像都在這裡集中，衣香鬢影，杯籌交錯，恍惚中竟有「香檳酒氣滿場飛，舞衣人影共徘徊」的錯覺。食物多樣而美味，龍蝦凍、蟹腿、生蠔、鵝肝醬、烤羊腿、提拉米蘇，由你吃到飽，每人七十五美金。我們今年九月初在那裡慶祝結婚週年，飯後驅車過金門大橋，到有「小地中海」之稱的梭塞里多小城（Sausalito）看全美規模最大的藝術展，繽紛的畫作與碧海帆影相映，好個羅曼蒂克的一日！

越南菜館「斜門」在氣派的海港大樓（Ferry building）內，可以遠眺海灣大橋，逛逛大樓內的美食市場。如不預先訂位，要枯候一小時才能坐到擁擠的吧台。除了「性感」的菜餚外，啤酒富於國際性，且可免費試喝。我才去過兩次，女酒保馬上記得我，招呼特別殷勤。加州菜館「胖傑克」小而溫馨，有強烈的舊金山雅痞風格，老闆是年

▲上：百合南瓜盅
下：狀元樓的蜜汁火腿

輕英俊的舊金山市長蓋文・紐森（Gavin Newson）。每天高朋滿座，不但在加州的滑雪勝地太浩湖（Lake Tahoe）開了一家分店，還在南非買地釀葡萄酒。「嶺南小館」位在舊金山中國城，裝潢很鄉土，但粵菜很美味，有昂貴的鮑翅，也有家常的蠔油牛肉，是華人公認的最好的中國餐館之一。

說起廣東燒臘，舊金山機場附近位於密爾布瑞市（Milbrae）的「祥興燒臘小館」，裝潢簡潔明淨，得過《星島日報》的美食獎，卻不在米其林評鑑的美食榜上，令人扼腕。他們酥脆的乳豬、粉嫩的油雞、入味的燒鴨、鮮Q的滷水墨魚，組成了令人垂涎的燒臘拼盤。有位台灣駐矽谷的外交官私下告訴我，以前胡志強當駐美代表時每來灣區出差，臨走前都要託他去買一盒「祥興」的燒臘，隨身帶在飛機上大快朵頤。我還吃過那裡的清蒸石斑、炒地瓜葉、廣東粥、揚州炒飯等，都很精采。每人消費額不過二十美元，女侍又一見我就笑，這樣的餐館叫人如何不愛？

我還受邀吃過南灣著名的「狀元樓」（China Stix）大廚的創意私房菜，座上客都是灣區名流，包括張學良的長女「陶媽」張閭琳女士。Frank 是個用心的大廚，不時到中國大陸考察，研發新菜。特製的蜜汁火腿、百合南瓜盅、松鼠魚、孜然烤羊排，光彩奪目。他讀過拙作《品味傳奇》後，還依樣畫葫蘆的每年帶團去吃揚州紅樓宴，口碑甚佳。但「狀元樓」畢竟也成為法國米其林評鑑的滄海餘珠，不能不說是一種遺憾。

或許華裔美食評論家應當自立自強，發展出一本自己的美食指南，不要再屈從於法國人的標準之下？但當所謂的「美食評論家」，並不像一般所想像的愉快拉風。我幾年曾受台灣某雜誌之邀製作舊金山美食專輯，他們支付所有餐費、旅館費、交通費，還派了一個帥哥攝影師來助陣，結果我一週內馬不停蹄的試吃了二十幾家餐館，最後很希望可以躲在旅館內吃泡麵。據說米其林密探又只能做匿名評論，不能公開成一家之言，那還有什麼意思呢？

走筆至此，我突然發現一些知名的美食評論家，都是彼得梅爾之類的男性食客，而非主中餽的廚娘。是否廚娘被廚房油煙薰多了，失去了享用美食的胃口跟時間？我雖每天下廚，仍擁有四處吃喝的雅興和口福，是多麼的幸運！其實評鑑菜餚不只要味蕾精準而已，還得知道每道菜是怎麼變出來的。希望將來的米其林密探也都是知行合一的廚夫或廚娘，評鑑心得更貼近真實的生活，那就是世人之幸了！

附錄：

法國洗衣房（French Laundry）（707）944-2380

水（Aqua）（415）956-9662

中國餐館（Sino at Santana Row）（408）247-8880

河豚（Blowfish）（408）345-3848

Pizza Antica（408）557-8373

Thea 中東餐館（408）260-1444

The Terrace at the Ritz-Carlton（415）773-6198

波士特里歐（Postrio）（415）776-8135

甲殼類動物（Crustacean）（415）776-2722

斜門（Slanted Door）（415）861-8032

胖傑克（Plumpjack）（415）282-3841

嶺南小館（R&G Lounge）（415）982-7877

祥興燒臘小館（Cheung Hing）（650）652-3938

狀元樓（China Stix）（408）244-1684

北美吃龍蝦

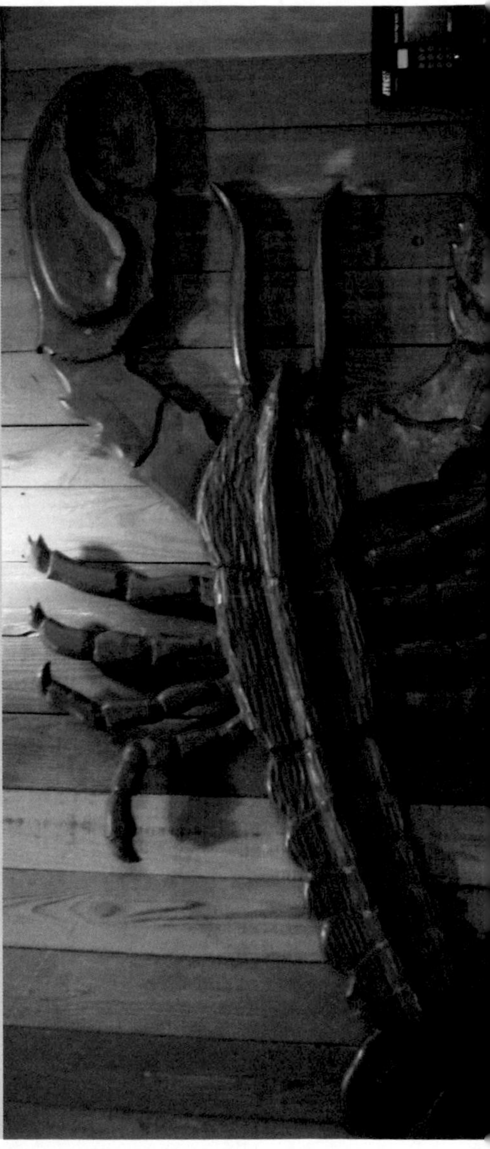
▲ 大龍蝦模型

龍蝦是種世所公認的美食，而牠身價之昂貴，似乎更增添了一般人對牠的嚮往之情。在美國，龍蝦大餐被認為是一種最高級的料理，如有人請你吃龍蝦，那就像在台灣被請吃「阿一鮑魚」一樣的榮幸。一九九七年港督慶祝香港回歸中國大陸時，晚宴主菜也是烤龍蝦，可惜卻是冷凍的，那滋味比起活龍蝦來，真是相差不可以道里計了！

我通常只有在逢年過節時才捨得吃龍蝦。我是拒絕吃死龍蝦的，我的味覺早被北美洲所盛產的活龍蝦給寵壞了。事實上，在紐約州販賣死龍蝦還是犯法的。美國龍蝦只產於東部的大西洋岸，我在紐約州一住十年，常可用合理的價格吃到美味的活龍蝦。一九八〇年代時大概是一磅三點九九美元，而美國的「生態保護法」禁止漁人捕捉一點二五磅以下的龍蝦，因此每隻龍蝦雖至少五美元以上，但還算便宜。一點二五磅的龍蝦沒什麼吃頭，一般人喜歡買一點五磅到兩磅之間的，超過兩磅的龍蝦肉太老，又不好吃了。

我那時喜歡到我家附近一家叫「四楓」（Four Maples）的魚店去買龍蝦。那是一家父子店，他們有自己的漁船，每天清晨自己出海捕魚，再拿回店裡販賣，所以貨色都是最新鮮的，龍蝦尤其生猛無比。龍蝦剛從海裡捕上來時最好吃，如果養在水裡會愈來愈瘦，逐漸變得風味全失。我從來不在超級市場購買，因為不知道他們的龍蝦到底在水箱裡養了多久了！

加州的超市裡也有東岸運來的活龍蝦出售，但價格要貴得多了，每磅十四點九九美金（約合五二〇台幣）。我本來是不屑一顧的，但在加州居住日久，對東部龍蝦的思念之情日深，有一次終於忍不住花了二十美金，買了一隻回家上籠清蒸。蒸熟後的龍蝦淡而無味，鮮甜之味全失，使我大呼上當，後悔莫及。

美國有一家叫「紅龍蝦」（Red Lobster）的連鎖海鮮餐館，號稱以最大眾化的價格販賣最新鮮的魚蝦海產，人氣很旺。但我總覺得他們菜色的品質，就和他們的定價一樣：非常的大眾化，平淡無奇。一般菜色所用的龍蝦都太小，而且大半是冷凍的，只

▲ 紅龍蝦餐館

是給沒吃過的人開洋葷用的。倒是配餐的乳酪小麵包（biscuits）都是剛出爐的，又香又軟，熱騰騰的很好吃。他們當然也賣游水的活龍蝦，時價每隻二十二美元左右，滋味倒也清甜可喜，大概是剛從遠在東北的緬因州送來的。

美國人對烹調龍蝦的想像力不高，只有蒸、烤、煎三種。帶殼蒸熟的要自己剝殼進食，佐以融化的奶油。烤、煎的先去頭，只留尾部一段，並將尾部連殼從中間剖開，加上調味料，再送進烤箱內煎烤一番，稱為Lobster Tail。一般火候都不佳，烤得太老而味如嚼蠟。在我的經驗中，只有聖荷西最好的法國餐館「黑磨坊」（Le Mouton Noir）例外，烤得老嫩適度，鮮甜可口，果然名不虛傳。中國菜中的龍蝦製法五花八門，有茄汁龍蝦、蔥薑炒龍蝦、龍蝦沙拉、起士焗龍蝦等名目，但我覺得最好吃的還是帶殼清蒸，佐以奶油或薑醋。這種吃法，也最能吃出龍蝦的好壞。

印象中吃龍蝦最過癮的一次，是我一九九二年到緬因州（Maine），和加拿大的新斯科細亞省（Nova Scotia）渡假的時候。緬因州屬新英格蘭，在美國東北，與加拿大接壤，是美國龍蝦產量最多的一州。在那裡的漁港巴哈堡（Bar Harbor）買活龍蝦，一磅才一點九九美元，和豬排同價，真是匪夷所思。而路邊攤所賣的活龍蝦午餐，一份才五點九九美元。除了一隻大龍蝦外，還附送沙拉、玉米、麵包，簡直比吃漢堡還便宜。

我們在那裡玩了三天，除了早餐外，餐餐吃龍蝦，怎麼也吃不膩。我們還發現：那邊正式餐館中所供應的龍蝦套餐中，大多都有兩隻龍蝦，而不是一隻，吃得非常過癮。我覺得一餐吃兩隻龍蝦剛剛好，一隻有點太少。因為龍蝦頭大殼厚，去殼去頭之後，蝦肉其實所剩無幾。而雙龍蝦套餐一份也不過十五美金，真是太合我的心意了。走筆至此，真恨不得馬上就打包飛到緬因州，再痛痛快快的吃一頓龍蝦。

我們還坐漁船出海到大西洋上，看當地漁夫示範如何捕捉龍蝦。八月的大西洋上寒風凜冽，烏雲密布，我們都凍得面青唇紫，想必冬天更加酷寒，不禁同情起這些漁夫

▼ 左：美國的烤龍蝦大餐　右：熱騰騰的小麵包

來。他們把一個個放了釣餌的鐵籠子垂到深海裡，籠上繫了呈紅白兩色的浮標，使他們可以確認鐵籠的位置。而每當有海洋生物（不一定是龍蝦）進來吃釣餌時，呈漏斗狀的入口讓它們只能進不能出。所以他們捕到的也不一定全是龍蝦，也會有螃蟹和其他的魚類。而不幸捕到重量不及一點二五磅的龍蝦時，他們還得小心的把它們放回海中，違者重罰。看來這一行飯，並不怎麼好吃呢！

遊完巴哈堡後，我們意猶未盡，便又趨車往北直開，一直開到了加拿大新斯科細亞省的省會哈利法克斯（Halifax）。這一省的人講英語，哈利法克斯靠海，風光明媚，所產的龍蝦比緬因州還好吃。大抵天氣愈冷，海鮮成長的速度愈慢，肉質也就更細嫩鮮甜。那裡的龍蝦果然鮮度驚人，直透齒頰，為我生平僅見。根據大西洋捕龍蝦漁夫的講解，龍蝦每年換殼一次，剛換殼的龍蝦是軟殼的，煮熟後殼色淡紅帶黑，滋味較差；未換殼的龍蝦的殼是堅硬的，煮熟後色呈鮮紅，滋味絕佳。

學會了辨別軟殼和硬殼龍蝦後，我們上哈利法克斯的龍蝦自助餐館時，就專挑硬殼的吃。那裡的龍蝦大餐「由你吃到飽」（all you can eat）每人份才二十美元。除了龍蝦外，還供應當地特產的蝦、魷魚、淡菜和沙拉、玉米等。只見煮熟的龍蝦堆得像小山一樣高，每隻差不多有兩磅重，給食客任意取用。硬殼的龍蝦果然滋味不凡，只要折斷巨大的蝦螯，張嘴一吸，就覺滿口甜汁，甘鮮繞舌，久久不散，吃海鮮最大的享受也不過如此。可惜我吃了兩隻後就已經飽了，而吃過龍蝦後，覺得其他的食物都索然乏味，便自動叫停。倒是我鄰桌那位看起來至少有三百磅的大胖子，凸腹已頂到餐桌，還一連吃了十四隻，真令人嘆為觀止。

去年冬天回台灣探親，我在恆春的海產餐廳吃到台灣的野生龍蝦，味道也好得很，不比美國的遜色。只是那餐館老闆隨餐所附送的一隻小龍蝦，看起來只有四兩重，竟也被煮熟而供人大快朵頤，使我看了心生不忍。看來台灣也應早點制定「野生動物保護法」，並嚴格執行，才不會使這些珍貴的海產絕跡。竭澤而漁，絕對是一種短視而蝕本的行為，智者不取。

杯酒人生之旅

有部獲得奧斯卡金像獎的名片《杯酒人生》（Sideways），劇情幽默溫馨，洋溢著美酒芬芳，又將加州聖塔芭芭拉酒鄉（Santa Barbara Wine Country）的美麗風光搬上銀幕，造成了喝黑皮諾紅酒（Pinot Noir）的風潮，也激起我的嚮往。去年美國國慶假期時天氣和暖，我們便決定來趟杯酒人生之旅。

這部片台灣譯為《尋找新方向》，但大陸譯名《杯酒人生》更為貼切。片中以酒譬喻人生，將葡萄酒與人生巧妙的融為一體，會看的看門道，不會看的看熱鬧，各得其

▲ 葡萄酒桶

所。故事主線是兩位洛杉磯單身男子，結伴做聖塔芭芭拉酒鄉之旅。一位是窮途潦倒的離婚中學教師邁爾斯（Miles），一位是即將娶豪門千金為妻的過氣演員傑克（Jack）。事實上這趟為期七天的旅程，是專為傑克舉辦的「單身漢之旅」（bachelor trip），特意讓他在婚前放浪形骸一番，以便日後乖乖收心，成為居家好男人。

邁爾斯想當作家，又對黑皮諾紅酒特別有研究。經典的黑皮諾紅酒質地柔滑如絲，細膩優雅，帶有黑櫻桃、覆盆子、玫瑰、野蘑菇、香料、藥草的香氣，並伴隨著原始的土壤氣息。除了法國布根第外，目前只有加州的卡內羅斯區（Los Caneros，納帕谷南部）、聖塔巴巴拉縣，以及奧立岡州（Oregon）有出產。邁爾斯想在這趟旅途中，順便找塊適合種黑皮諾葡萄的美地，將來一邊寫書，一邊釀酒。他特地安排去著名酒莊品酒，勘察理想中的葡萄園。沒想到他和傑克各自發展出動人的戀情，經過一番劇烈的內心掙扎，都找到了人生的新方向。

我們先去了冠蓋雲集的火石酒莊（Firestore Winery）。英國女王伊麗莎白・泰勒、美國總統雷根、布希都來造訪過，留下了風華正盛的身影。片中的兩對情侶——邁爾斯、瑪雅、傑克、史提芬妮——在這裡品酒時，中途曾溜進酒窖參觀，令人對那森涼廣袤的酒窖印象深刻。我看到了那個大酒窖，正位於品酒室旁，一股冰涼之氣直透腦門，可平衡些酒後的頭昏腦熱。外子先去停車，落單的我拼命想擠進那擁擠的品酒檯前，有位三十歲左右的洋人帥哥竟主動讓位給我。他是特地從洛杉磯來品酒的，對酒頗為內行。我在他的推薦下品了兩種酒，正慶幸酒逢知己時，外子回來了，只見那位帥哥臉色一變，就再也不跟我講話了。天哪！他大概是電影看多了。外子扮了個鬼臉，囫圇吞棗的喝了兩口酒，拉著我就跑，向下一站行進。

▲
上：Sanford 的黑皮諾葡萄酒
下：洛杉磯來的品酒帥哥

然後，我們去了典雅氣派的費斯・派克（Fess Parker）酒莊。邁爾斯在這裡品酒時，經紀人突然打電話來，說他的長篇小說不幸被出版商拒絕了，粉碎了他的作家夢。失意之餘他錯拿了漱酒罐中的酒來痛飲，藉酒澆愁。事實上這家酒莊氣氛悠閒，令人不自覺的慵懶下來。酒莊老闆是歌星出身的 Fess Parker，以唱華德迪斯奈歌曲致富，品酒室中播放著他的成名曲。莊外有塊寬闊青翠的草地，種著幾株高挑嬌艷的蜀葵。幾個妙齡女郎露著雪白圓潤的肩頭，斜倚在草地上輕啜著夏多尼白酒，晶瑩的酒杯在艷陽下閃閃發光。涼風徐來，我們品了五種酒後，微醺中竟在走廊下睡著了。醒來後不知今世何世，又繼續趕路。

卡利拉（Kalyra Winery）是二〇〇二年才開設的新酒莊，但所釀的黑皮諾、夏多尼（Chardonnay）、席拉（Syrah）都很出色。可惜我們因時間的關係失之交臂。這是片中重要的場景之一：傑克不失大情人本色，在這裡釣上了韓裔品酒師史提芬妮。史提芬妮熱情奔放，與他那矜持高貴的未婚妻截然不同。他意亂情迷，開始夢想著解除婚約，與新歡在聖塔芭芭拉酒鄉定居。誰知未婚妻不時電話查勤，弄得新歡妒火中燒。同時他也發現新歡的家庭複雜，問題多多，便又想回到未婚妻身邊。最後他當然得到應有的報應：被潑辣而擅長空手道的新歡揍得鼻青眼腫，連手臂都打斷了，只好向未婚妻謊稱不慎摔了一大跤。

我們在聖塔芭芭拉市痛快的玩了一天，去了迷人的海灘、市區、動物園後，才打道回府。歸途中原想去劇中的 Hitching Post 餐館吃午餐，據說牛排十分美味。誰知那裡只供應晚餐，大門深鎖。我們下車參觀，門口搖曳著幾株金黃的向日葵，自然而鄉野。邁爾斯和傑克曾在這裡品嚐了招牌的 Highliner 黑皮諾紅酒，邁爾斯還邂逅了美貌的女侍瑪雅。瑪雅是位園藝學準碩士，在餐館打工賺學費，談吐不凡。他對她一見傾心，卻因自卑與害羞，猶豫許久才表露愛意。兩人對種葡萄和釀酒有共同的愛好，激出了火花，最後決定在聖塔芭芭拉酒鄉攜手共渡人生。

▲ 左：加州的丹麥城——沙爾凡村　右：夏多尼白酒

我們那天只好改成去沙爾凡村（Solvang）內的「沙爾凡餐館」吃午餐。這個小村是加州丹麥移民的落腳地，與丹麥的 Aalborg 結為姊妹市，丹麥皇室也曾到訪過，地標是個可愛的磨坊風車。邁爾斯和傑克曾在這裡吃早餐，並發生爭執。花心傑克決定在婚前盡情風流一下，專情的邁爾斯加以勸阻，他置之不理，後來果然被新歡痛揍一頓，悔之莫及。餐館中瀰漫著火腿、煎蛋、煎餅的香氣，原來這裡主要供應早餐，也供應簡單的午餐。我們先來了杯 blush wine，柔和的粉紅色澤，冰涼清甜的酒味，消除了不少暑意。主菜嚐了鍋燒牛肉（pot roast）和煎比目魚，配上厚厚的馬鈴薯泥，稱不上什麼美味，只是填飽肚子而已。北歐食物一向以厚重著稱，《安徒生童話》裡提到的大餐也不過是烤肉、肥魚、蛋糕而已，哪能與中國皇室的鮑參燕翅相較？

餐後我們上了一〇一高速公路，在布勒頓鎮（Bullerton）再轉進 Santa Rosa 路，想再去拜訪以黑皮諾紅酒馳名的桑佛德酒莊（Sanford Winery）。沿途靜悄悄的，觸目盡是起伏的山谷和翠綠的葡萄園，只有我們的銀亮小車在路上奔馳。在一個荒涼的路口，我們見到了「Sanford Winery」的名牌，掩映在紅花點點的闊葉仙人掌中。右轉進去，盡頭有棟小木屋，但庭院寂寂，要不是屋前掛了塊「品酒室」（tasting room）的招牌，差點要以為是那位隱士的清修之處了。邁爾斯曾在這裡教導傑克如何品酒，喝的是招牌的「黑皮諾玫瑰紅酒」（Pinot Noir Vin Gris），顏色是漂亮的粉紅，酒味是清爽的酸。酒香呢，一般人不過分辨出草莓、櫻桃、香料的氣味，邁爾斯卻嚐出了柑橘、草莓、蘆筍、荷蘭乳酪的甘香，功力非凡。

最後我們取道二四六號公路，回到一〇一高速公路，踏上歸途。一路上美景如畫，先是左邊出現一大片萬壽菊苗圃，耀眼的橘紅照亮了加州的原野。不久後右邊又出現一大群駝鳥，高瘦的雙腳、灰白的長頸、烏黑的圓身，在乾燥的沙地上漫步著，青草已被烈日曝曬得枯黃了，那就是在片中亮相過的「駝鳥園」（ostrich land）了。對駝鳥的驚嘆未已，我突然又發現一個廣袤的果園，密密的長著一欉欉油綠的灌木，不禁下車細瞧。啊，那竟是我愛吃的牛油果（avocado）！也有人稱為「酪梨」，味如醍醐，可以做沙拉、壽司、冰淇淋，或打成果汁。我不禁感嘆加州大地的富饒，江山的多嬌，而我何其有幸，竟住在這塊美麗肥沃的土地上！

最在我腦中縈繞不去的，是片中邁爾斯和瑪雅有關黑皮諾紅酒的對白。邁爾斯說：

黑皮諾葡萄很難生長，需要悉心照料，只能生長在世上某些隱蔽的角落，只有耐心、愛心的人能夠成功。但它的香味久久不散，令人回味無窮。

其實皮薄、脆弱、難栽培的黑皮諾葡萄，就是邁爾斯的縮影。他對酒、愛情、事業都有自己的原則，寧缺毋濫。風流的傑克則類似遍地能長的蘇維濃葡萄（Caberet Sauvignon），對酒和女人都不挑剔，放蕩不羈。兩種葡萄，對映著兩人南轅北轍的人生觀。

瑪雅的回答更令人激賞。她說：

我喜歡思索我的人生，天地萬物……我喜歡看酒不斷的改變，今天的酒，味道一定和其他任何一天不一樣。一瓶酒也有生命，不時的在改變，變得更深沉更醇厚，直到巔峰狀態。但以後就慢慢失去香醇了，正如我們的人生。

人生如酒，酒如人生，每天都有不同的醇度、滋味和香氣。聰明的人將會把握美酒和人生的巔峰時期，細細品嚐，盡情回味。這大概就是這部名片給我的最大啟示吧！

墨西哥菜在美國

二十年前出國留學，一下子就飛到亞利桑那州的鳳凰城，我在那裡住了兩年，從此就跟墨西哥菜結了不解之緣。

鳳凰城因靠近美墨邊境，住民有不少墨西哥人，滿街都可以看到專門賣塔哥餅的「Taco Bell」的招牌。塔哥餅（taco）是一種脆硬的玉米餅，一般彎成半圓形，中間有一道凹槽，可隨意放入碎牛肉、生菜、番茄、豆泥、起士等填料，價格很便宜。但我

▲塔哥餅（taco）是墨西哥人的主食

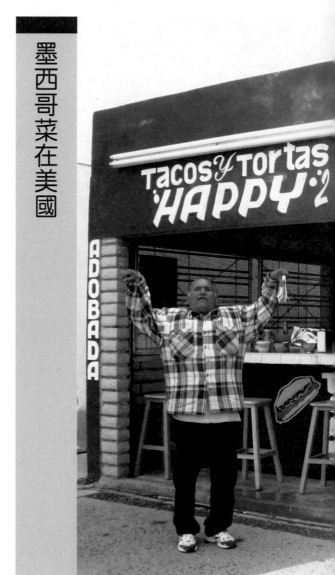

▲左：chicken enchinlada　中：Chevy's 墨西哥餐館　右：Chili's 墨西哥餐館

第一次吃時並不欣賞，甚至有點反胃，大概是剛離開台灣，還不適應墨西哥菜的滋味的緣故吧！但二十幾年後的今天倒覺得塔哥餅味道不錯，可以連吃好幾個，可見人的口味是可以改變的。

大部分的美國人嗜吃墨西哥菜。墨西哥菜肉少菜多，又香辣開胃，比傳統上肉多菜少的美國菜要健康有味多了。不但 Taco Bell 大其道，墨西哥餐館如「大辣椒」（Chili）、「卻威」（Chevy's）等也愈開愈多，生意都好得很。我比較常去的是「卻威」，因為它的炸玉米片夠薄夠脆，酪梨醬（Guacamole）也特別甘芳可口，價格又便宜，一道 Tostada 雞肉沙拉大得吃不完，才賣美金十點九五元。

但「橘逾淮為枳」，舉世皆然。中國菜到了美國在洋人的心目中，只剩下春捲、炒飯、糖醋排骨和雜碎。在美國，一般人也以為墨西哥菜不過是塔哥餅、墨西哥春捲（enchilada）、炒牛肉捲餅（beef fajita）和軟玉

▲左：現烤墨西哥薄餅（tortilla）　右：tortilla chips

米餅（tortilla）的總稱。要不是我有一位墨西哥朋友 Graciela 太太，做過美味道地的墨西哥菜給我吃，恐怕我也無法擺脫這種成見。Graciela 總告訴我：美國的墨西哥菜真是「難吃得可怕」，她根本連碰也不碰。

我在亞利桑那州拿到學位後，成家立業搬到紐約州居住，認識了 Graciela。她是我的鄰居，黑髮、黑眼、棕膚，標準的中美洲印地安人的長相。她的另一半 Roberto 金髮、碧眼、白膚，卻是墨西哥的西班牙裔，兩人生了一對可愛的混血兒女。Graciela 出身富家，家學淵源，會做許多好菜，再用多彩的墨西哥餐盤盛奉，色香味俱全。她喜歡在夏天製作黃瓜冷湯，配上現烘的墨西哥麵包，就是一頓清爽的午餐。她將小黃瓜用果汁機打碎，加入大量的酸奶油（sour cream）攪拌，冰鎮後飲用。墨西哥人夏天喜歡喝冷湯，除了黃瓜冷湯外，還有番茄冷湯、酪梨冷湯等名目，多以酸奶、大蒜調味，清涼可喜。比起台灣人愛喝的竹筍湯、酸菜湯，又是另一種熱帶風味。

Graciela 做的墨西哥甜點「鳳梨冰淇淋蛋糕」（pineapple carlota），簡直是人間絕味。她將奶油、糖、蛋黃、煉乳先打勻，再加入攪拌好的鳳梨片、蘭姆酒（或法國白蘭地）、鳳梨汁，做成冰淇淋料。然後在特殊的容器中，將一層小餅乾、一層拌好的冰淇淋料，一層層的疊起來，最後鋪上鳳梨片和小櫻桃，放入冷凍箱中兩小時，讓冰淇淋結凍，便大功告成。一嚐之下甘酸適口，冷香繞舌，冰淇淋的酥融再加上法式小餅的甜脆，形成一種完美的口感。我向她要了食譜準備試做，但一直買不到那種特殊的容器而徒呼負負。希望這種難得的美食經驗，不至於成為廣陵絕響！

從 Graciela 的兩道拿手菜，可以看到墨西哥的天氣對當地菜餚的影響。墨國位處中美洲，全年天氣炎熱，有些地方連冬天都高達攝氏三十幾度，產生了不少消暑的冷食。這和台灣人夏天吃杏仁豆腐，喝冰綠豆湯是同樣的道理。不過天氣雖熱，墨西哥人卻特愛吃辣，愈是辣得滿頭大汗愈覺得過癮，這和泰國人又有異曲同工之妙。大概是天氣炎熱胃口不開，需要用辣椒來開胃的緣故吧！

墨國盛產辣椒，可食用的據說有一百多種。有一種著名的辣椒汁叫塔巴斯科辣汁（Tabasco sauce），在美國非常風行。「塔巴斯科」（Tabasco）原是中美洲印地安人的名字，也是墨西哥的省名，一般人以為是墨西哥人發明的，但其實是美國的土地銀行家愛德蒙・麥克伊爾漢尼（Edmund Mcilhenny）所發明的。麥克伊爾漢尼先生原是蘇格蘭人，後來輾轉搬到美國南方的路易斯安納州居住，娶了位於美墨邊界的艾佛利島（Avery Island）上的女子為妻。

為了愛情，愛德蒙・麥克伊爾漢尼搬到艾佛利島上定居。他在島上種植辣椒，磨成極細的辣椒醬，過濾後加上鹽與醋，便是著名的「塔巴斯科辣汁」了，於一八六八年問世，暢銷於美國，至今已有一百三十年的歷史。美國人覺得塔巴斯科辣汁很辣、很開胃，但在我看來，這種辣中帶酸的辣汁少了一股鮮味，辣度也不夠，比不上四川辣油或湖南的豆瓣辣椒醬。但一般美國人吃辣的能力和品級屬於小兒科，稍沾點辣便抱怨「我的嘴像是著了火」，居然可以吃得了塔巴斯科辣汁，也算是難為他們了。

我曾去過墨西哥的坎昆島（Cancun）渡假，吃了好幾天道地的墨西哥菜，覺得滋味真是比美國的好多了。最念念不忘的是牛肉捲餅，牛肉塊以洋蔥、青椒炒熟，捲在熱騰騰的軟玉米餅中食用，配料有酪梨醬（guacamole）、酸奶油和 salsa（一種在切碎的番茄中加入洋蔥、香菜調味的蔬菜醬）等，頗有台灣人清明節吃潤餅的風味，而其香猶有過之。如今在美國上墨西哥餐館時，我最常點的還是這道菜。

slasa 醬在墨西哥菜中用得很廣，幾乎等於美國的番茄醬，可用它來搭配任何菜餚。除了配炒牛肉捲餅外，有一道叫 tostada 雞肉沙拉的菜，也用它來代替生菜沙拉醬，非常健康。至於 tostada 的意思，就是「土司麵包」，用軟玉米餅炸成一個像盤子一樣的容器，再把雞肉、豆泥、酪梨、生菜、番茄、橄欖、起士等放在容器上，就成了 tostada 雞肉沙拉，這也是我最常吃的墨西哥菜之一。

至於墨西哥最著名的開胃小點：炸玉米片沾酪梨醬或 salsa，也是大受歡迎的。在美國私人宴會中，女主人常自己製作酪梨醬或 salsa，再買來現成的玉米片，供客人聊天助興之用。搭配的冷飲通常是用墨西哥龍舌蘭酒（tequila）所調配的瑪格麗塔雞尾酒（Margarita），口味有草莓、香蕉、芒果、檸檬或原味之分，講究的人杯口還要沾一圈鹽。美國墨西哥餐館的敬菜，也常是這種玉米片，隨你吃到飽。

我從紐約州搬到加州矽谷來後，發現墨西哥菜在這裡更是大行其道，不免經常以此果腹。我最喜歡來一杯冰涼的草莓瑪格麗塔雞尾酒，再來一籃炸玉米片，將炸玉米片沾著大量酪梨醬，一片接一片的吃個不停，酸甜、清爽、香脆、甘糯兼而有之，真是人生一樂。遺憾的是這些墨西哥美食熱量奇高，吃多了有不良後果。墨西哥多胖子，連小孩都是胖嘟嘟的，有些墨西哥女人的腰簡直粗得像水桶。我到底是要「顧嘴不顧身」呢？還是要「顧身不顧嘴」？To be or not to be，這其中的選擇，真比當年的哈姆雷特決定是否要暗殺他的叔王，還更令人進退兩難啊！

教洋人吃中國菜

▲ 中國美食有時讓洋人不敢下箸

世界上最倒胃口的事，莫過於和不懂中國菜的人一起吃中國菜。所以我旅美多年來總是苦口婆心的教導洋人吃中國菜。

美國是世界第一強國，人民也特別自大。他們大多數吃慣了美式速食，飲食品味不高又自以為是，只能欣賞口味重或煎炸得又香又脆的食物。除了肉食之外，海鮮很少上桌，內臟概不沾唇，更不要提什麼蛇鼠野味了。至於熊掌駝蹄等珍味，不但不吃，而且最好不要在他們面前提起，免得擔上一個虐待動物，破壞環保的罪名。

他們又大多數對亞洲茫然無知，以為台灣（Taiwan）和泰國（Thailand）是同一個國家，而中國人和日本人長得一模一樣。所以每當他們要跟中國人打交道套交情時，只好由中國菜談起。我剛來美國時每和洋人寒暄，我們之間的標準對白大多是這樣子的：

「啊！我最愛吃中國菜，中國菜實在太棒了！我昨天剛去了一家中國餐館，吃得胃口大開！」

「請問您點了些什麼菜呢？」我總是湊趣的問道。

「唔，鍋貼、炸春捲、炒麵和甜酸肉。那鍋貼好吃極了，不但皮厚又煎得脆脆的，炸排骨上澆甜酸汁，使我連續吃了好幾盤炒麵！請問妳哪一家中國餐館有這麼好吃的鍋貼？」

「嗯，我不知道……我很少吃鍋貼。」我開始意興闌珊。

「那妳都點些什麼菜呢？」

「清蒸魚、炒蝦仁、鹹菜豬肚湯、蟹肉扒菜膽……」

這一下輪到他瞪大了眼睛，再也說不出話來了。而我們之間剛萌芽的友誼也宣告夭折了！

不過來美國幾年後我終於學乖了。上班時每有同事向我大讚鍋貼和甜酸肉，我不但馬上附和，而且還表示那正是我的拿手菜，哪天要請他們嚐嚐。這一來他們喜心翻倒，紛紛向我輸誠，工作起來無往不利。但吃午飯時，我還是寧願和一票中國同事一起大啖牛肉麵和臭豆腐。可見人際關係是從飲食上建立起來的。能在一起吃得投契的人，才能成為要好的朋友。

情侶和夫妻亦然。當我還是單身貴族時，每有洋男看上我這位「中國娃娃」約我去吃飯時，我總提議去吃中國菜。猶記某君一表人才，對女性溫柔體貼。但在約我一次共餐時，我為他點了一碗什錦湯麵，他居然面不改色的撈出冰水中的冰塊投入麵碗中，一邊誇張的吹氣：「好燙！好燙！」我忽然覺得肚子發脹，再也吃不下了。而他呢，自然也被淘汰出局了！

洋人是不常喝湯的，要喝也只喝冷湯或溫湯。而老中則喜歡喝熱湯，愈燙愈覺得舒服。他們從小訓練不夠，要他們喝滾燙的熱湯簡直是一種酷刑，偏偏又碰上我這個最喜歡吃湯麵的人，你說要如何共渡一生呢？

外子雖是老中，卻是個肉食主義者，和我這個以海鮮為主食的人本來也是不搭調的。幸好他曉得見風轉舵，約會時總捏著鼻子陪我吃他從來也不碰的沙西米，還裝出很陶醉的樣子，才把我騙走了。但奇怪的是，硬吞了幾次沙西米後，他居然體會出沙西米的美味，從此也常吵著要吃沙西米。

▲這隻魚正瞪著我

我在美國多年誨人不倦的教導洋人吃中國菜卻徒勞無功，主要是因為他們是主我是客，又有數不盡的本國食物可充飢，不需向我移樽就教的緣故。但如他們一旦必須定居台灣，日久也可能愛上臭豆腐或牛肉麵。我的洋妹夫李克曾在東海大學教了兩年英文，不但餐餐吃牛肉麵，回國時還乾脆娶了個台灣太太——我妹妹——回去當紀念，以便可以天天吃中國菜。如今偶而在外面吃一頓洋餐就覺得沒吃飽，得上中國城外買一盤牛肉炒河粉回家大嚼一番。有一回我和他們賢伉儷相偕回台省親，他在飛機上向我出示一張他所開列的，到台灣必嚐的美食清單，內容依次是：萬巒豬腳、牛肉麵、滷肉飯、水餃、豆漿和燒餅油條。我看得發出會心的微笑——看來他的腸胃已完全中國化了！

但從未去過亞洲的洋人仍然冥頑不靈。他們吃魚只吃魚排，而且還專挑沒刺的，所以被中國人列為席上珍饈的鯡鯉全成了垃圾魚。偶而看到一隻連頭帶尾的清蒸魚就要撫著心口嬌呼：「啊，牠的眼睛正瞪著我！」那種表情，讓你自覺是個野蠻部落的食人族。

我所做過的教洋人吃中國菜最偉大的實驗，是十幾年前住在紐約上州時在當地中國餐館張羅了一桌上等酒席，召集了一批洋人鄰居前往品嚐，一邊施以機會教育。好不容

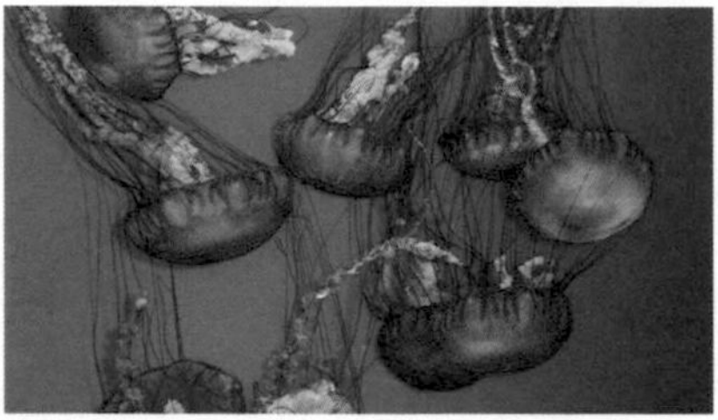

▲ 左：水母就是中國人愛吃的海螫皮　　右：加州的中國餐館

易連哄帶騙的讓他們吃下那些鮑參翅肚，他們的結論竟是：滋味大不如甜酸肉，想不通為何要花大錢去吃那麼無味的東西。尤其是壓軸的那道清蒸龍蜊，簡直沒人願意動筷子，冷盤中的皮蛋和海螫皮也使他們大驚失色。我一怒之下當他們後來到我家聚餐時，只饗以咖哩雞和酸辣湯，他們這回倒是吃得津津有味，連盤上的咖哩汁也沾麵包舔得乾乾淨淨，真是好養得很。

「芬娜阿姨，我知道什麼叫中國菜。中國菜就是每一道菜都是主菜，所以我喜歡吃中國菜。」我那混血的小外甥Nathan，有一次天真無邪的對我說。

望著他那長睫顫動而藍黑相間的大眼，我不禁笑了出來。才七歲就能講出這麼有智慧的話，真是不簡單。但他對中國菜的觀點仍不脫美國飲食文化的規範，雖然他有個台灣母親。因此我對那些毫無中國血統的洋人又何必苛求呢？就讓他們繼續吃鍋貼和甜酸肉吧；反正中國人還不是認為漢堡、熱狗、炸雞就是美國菜的代表，而且還吃得津津有味呢！

亞洲百味

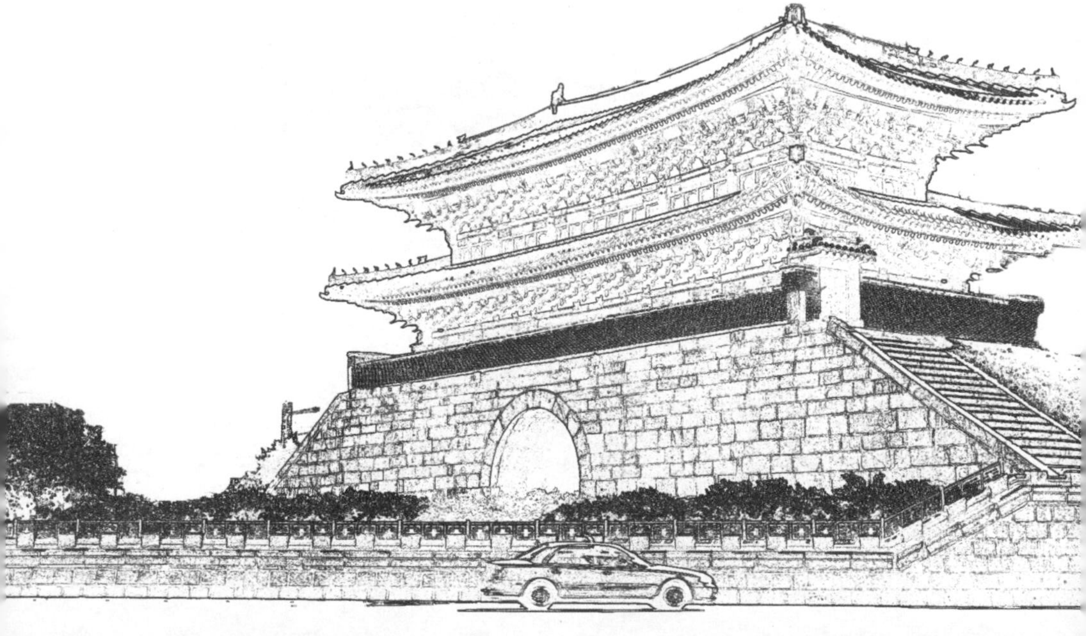

▲ 巴里島的美女

驚艷巴里島

巴里島無疑是舉世聞名的渡假天堂。有些人驚艷島上的美景，有些人驚艷獨特的飲食，有些人驚艷藝術的樸拙之美，有些人驚艷悠閒的生活情調。我又驚艷些什麼呢？我驚艷那如詩如畫的海岸，艷紅的落日，變幻的雲影，鮮甜的水果，多彩的民族服裝，奔放的歌舞，和一流的酒店。這個位於南緯八度的南半球島嶼，島民信仰印度教，有著截然不同於爪哇和蘇門答臘的景觀。

巴里島的飲食倒不令我驚艷。在島上渡過豐富的七天，遍遊登帕薩（首府）、烏布村、海神廟、聖泉殿、金巴蘭海灘，飽覽土著的藝術與歌舞，口腹之慾顯得不重要了。天氣熱缺乏胃口，飲食遂淪為我們旅途中的配角。行前閱讀了一些旅遊篇章，盛道烤乳豬（Babi Guling）如何外焦裡嫩，燒烤海鮮又如何鮮美，嚐過後都只覺得一般。島上的香料五花八門，烹調時多多益善，滋味往往濃郁而不協調。島民最喜用黃薑粉調味，我偏不喜歡黃薑的氣味。海鮮多半烤得發柴，火候不佳（當然也有少數的例外），如按專業「美食評論」的角度來打分數，只能得個七十分。

巴里島在赤道之南，終年如夏，沒有四季之別，只有乾季、雨季之分。每年四月到十月是乾季，十一月到次年三月是雨季。無論是乾季、雨季，都熱得人揮汗如雨，全身黏答答的，海水和沙灘形成難以抗拒的誘惑。Nusan Dua 海灘櫛次鱗比著世界最頂級的旅館：Grand Hyatt、Hilton、Nikko……，蔚藍的海水，細白的沙灘，清涼的游泳池，不住的向旅客拋著媚眼，就像巴里島的男人一樣。巴里島的女人要負擔生計，男人只管在鬢邊別一朵紅花，載歌載舞，媚態橫生的勾引女人。有不少日本單身女子受不了誘惑，嫁到巴里島來，後來都悔恨不堪，空洞的眼神傳達出無比的哀怨。看來旅途中的艷遇最好止於艷遇，不必追求天長地久。

我們住在四星 Nikko 酒店，綠油油的植物，鮮艷的花朵，現代化的裝潢，原始的巴里島情調。木造的大堂屋頂，光潔的藤椅，寬闊的空間，流轉著鮮活的氧氣。嬌豔奪目的美女雙手合十的迎賓，黃燦燦的印度教金冠，色彩流麗的沙龍——那是以金紫兩色為主調的巴里島手工織布。天氣實在太熱，我們大多泡在游泳池內，只在晨曦初上或夕陽西下時，出去走馬看花一番。清晨去聖泉殿禮佛膜拜，喝喝那清澈的泉水，令人神清氣爽。在 Grand Hyatt 吃自助晚餐、看土著歌舞表演，及在金巴蘭（Jimbarlan）海灘看落日、吃烤海鮮，尤其是珍貴難忘的回憶。

巴里島菜餚跟一般的印尼菜大同小異。有人覺得酸辣下飯，有人覺得滋味怪異。印尼人因回教信仰的關係，通常不吃牛肉，主食是白米飯或炒飯，只有信奉佛教的巴里島供應豬肉。烹調法不外乎清蒸、水煮、燉煮、攪拌、油炸、以椰子殼烘烤或燒烤等，調味料有紅椒、青椒、椰子、花生、蒜、薑、番紅花、紫蘇、豆蔻、檸檬草、青檬、豆蔻、胡椒、青蔥、醬油、羅望子（tamarind）、黃薑、三寶蝦醬等，洋洋大觀。巴里島民也使用某些獨特的香料，如將桐實（kemlri）磨碎再碾成醬，稱為巴薩吉尼普（basagemp）。他們也常用由椰肉擠出的椰汁，做為菜餚的調味醬汁。一般將大塊椰子直接放在炭火上燒烤，為椰肉醬汁帶來了一絲煙燻的氣息。

巴里島的 Grand Hyatt 珍饈羅列，菜色有烤乳豬、印尼沙嗲、印尼炒飯、印尼咖哩、炒江豆、熱帶水果、各式甜點等，大大小小有上百盤之多，豪奢的陳列在浪漫的熱帶庭園裡。烤乳豬整隻側躺在餐盤上，全身金黃油亮。作法是先在豬肚子裡塞進藥草、紅椒……等香料，塗上黃薑粉，裹以香蕉葉，再以文火烤熟。燒烤前得先把一坑的石頭燒紅，再把乳豬埋進坑裡燜上十二個小時，香味四溢，方才出爐。我趕緊嚐了一塊，黃薑粉的氣味太衝鼻了，火候卻還恰到好處。滋味雖比不上粵式烤乳豬的酥融香脆，遠在甜爛膩人的夏威夷烤乳豬之上。

我也嚐了幾串沙嗲。印尼沙嗲的作法是將羊肉、雞肉、牛肉或豬肉，切成小塊串在竹串上放在碳烤架上烘烤，佐以甜醬或香辣花生調味料進食，比泰式沙嗲要辣得多。巴里島版本的沙嗲里里（satellit）製作比較複雜，裡面有切碎的魚、蝦，加上攪碎的藥草和香料、新鮮椰肉做成的醬汁。有時巴里島民將肉串串在新鮮香茅上，而非一般的竹籤上，是他們特有的發明。

我無法欣賞印尼炒飯、炒江豆的滋味。印尼炒飯（nasi goring）源自中國，流行於東南亞各國，口味已當地化了。他們在白米飯中另外加入甜醬油、蝦米炒

▲ 炒江豆

▲ 沙嗲是流行於東南亞各國的小吃

製，佐以沙嗲、蝦片、煎雞蛋進食。我不慣那蝦米的腥味，而且覺得沙嗲的滋味已夠濃膩，不如來盤中式蛋炒飯清爽宜人。炒江豆裡放了好多的青檬，江豆又先用醋醃過，酸上加酸，令人牙根發軟。

海邊暮色漸濃，在一陣緊鑼密鼓中，一群明艷的巴里島男女不知從哪裡舞了出來。他們從五歲就開始學舞了，舞藝精湛。最具代表性的巴龍舞（baron dance）由雙人表演，一男一女，表現善與惡的對抗。巴龍是「善」的化身，讓特是「惡」的象徵，劇中穿插了武打及詼諧表演，娛樂性很高。凱卡克舞依據印度史詩〈羅摩耶那〉改編而成，具有強烈的宗教色彩。現場火光暗淡，舞者圍著火堆搖晃，並發出宗教式的呼聲，如同回到了遠古的傳說時代。接著，猴舞、少女舞、火舞……紛紛登場，舞者玉指舒展，姿態妖嬈，令人如醉如痴。

曲終人散時月亮已高掛在天際，我們才如夢初醒，起身去拿甜點。巴里島最令人驚艷的食物是甜點而非正餐，島上到處生長著高高的棕櫚樹、椰子樹、香蕉樹、露兜樹，蔚然成林，間雜著一畦畦碧綠的稻田。棕櫚樹可提煉出黑糖般的糖粒；露兜樹的果實如菠蘿，別名海菠蘿（在台灣稱為林投樹），葉子可當調味品。島民用糯米、香蕉、棕櫚糖、椰奶、露兜樹葉，製作出五花八門的甜點來。

著名的黑米布丁（bubur injin）將黑糯米、白糯米、露兜樹葉，一起煮成粥狀，加

▲ 金巴蘭海灘的落日

上棕櫚糖，佐以椰奶。黑米糕（wajik）把黑糯米、露兜樹葉用水煮過，再跟棕櫚糖、椰奶一起蒸，蒸熟後攤平放涼，切成有嚼勁的黑色小塊。炸香蕉則是將新鮮香蕉裹在糯米粉炸熟，金黃的外殼厚厚的，沾蜂蜜食用，酥脆香甜。

在金巴蘭海灘看落日、吃烤海鮮，是我們最難忘的一餐。金巴蘭海灘的海岸線極長，視野寬廣，夕陽美得令人摒息。萬道金光，彤雲密布，點綴著歸航的漁舟，一對對攜手散步的戀人，成為絕佳的圖畫。小店裡陳列著當天的漁

▲ 用椰子殼燒烤海鮮

獲，螃蟹、龍蝦、海魚隻隻生猛鮮活。店家用晒乾的椰子殼烤熟，食客們坐在海灘上享用，四處椰煙瀰漫，氣氛粗獷閒散。烤熟的魚蝦蟹以洋蔥、青椒、辣椒調味，也帶著淡淡的椰香，鮮美多汁。不時有蒼蠅飛來騷擾爭食，提醒我們身在南緯八度的熱帶島嶼。

在巴里島待了幾天後，我居然慢慢染上當地人的慵懶，覺得日光底下無新事，只想躺在椰子樹下納涼，在薰風中睡個午覺。渴了喝椰子汁解渴，熱了跳到海裡游泳，餓了捕條魚烤熟，悶了找人聊聊天跳跳舞。不必上學，不必上班，不必炒股票，不必寫文章，不必擠公車，不必去超市買菜，不必看老闆的臉色。人類創造了文明，卻又渴望回歸原始，多少人不遠千里來到巴里島，不就是為了追求這種境界嗎？

▲ 四物表演

韓國人過年

我在台灣讀政大東亞研究所時，班上有兩位韓國同學。他們沉默寡言，輪廓分明的臉譜像中國的北方人，又有點不像。他們總在中秋節時請假一個禮拜回漢城，農曆年時反而在校舍閒晃沒什麼事幹。他們告訴我中秋節是韓國最大的節日，每個人得回家團聚，祭拜祖先，就像中國人過年一樣。他們農曆正月初一也過「新正」，但不如中秋節重要。我總是半信半疑，一直到最近有機會去韓國過中秋才真的相信了。

那天當我們抵達首爾市（Seoul）時，立刻發覺大事不妙。原想在中秋節當天前往古城慶州賞月，次日再轉往釜山漁港吃海鮮，誰知舉凡火車、巴士、飛機一律客滿，只好將訂好的旅館取消。所有首爾的機關行號放假一個星期，每個人紛紛趕回家鄉團聚，交通之擁擠，可想而知。從中秋節起大部分百貨公司、餐館也歇業兩三天，原本車水馬龍的首爾市中心一下子變得冷清清的。我們靈機一動，改成去參觀各大皇宮、博物館、民俗村，反倒體會到韓國民間過年的滋味，並像是走入《商道》、《大長今》等韓劇的場景之中。德壽宮的「大漢門」門口站著一個英俊的衛士，瘦挺有型，全副古裝的打扮，看起來就跟《大長今》的男主角閔政浩沒什麼兩樣。

韓國人在古代被中國人統治過，與中國人「同文同種」。早在三千多年前的商紂王時代，貴族箕子不堪暴政而出走朝鮮半島，建立了「箕子朝鮮」王國，長達一千年之久。漢朝時燕國人衛滿滅了「箕子朝鮮」自立為王，史稱「衛氏朝鮮」，立國一百年後才被漢武帝所滅，將領土列入中國版圖。最後一個王朝「李氏朝鮮」（約當中國明清時代）時，韓國甚至奉中國為宗主國，年年向中國進貢。他們著迷於宋明理學，還發展出一種叫「儒教」的宗教，領導著許多民間的政治運動。「儒生」通過科舉考試入朝為官後，就成為「兩班」，與貴族平起平坐了。

韓國自古也是個「以農為本」的農業社會。中秋節（「秋夕」）是萬物收成的季節，天上明月高照，月圓人圓，正是全家團聚吃喝玩樂的好時機。他們吃自己打的「年糕」，品嚐自己醃的泡菜，並賞月、跳舞、演戲、走繩、吹簫、敲鑼、打鼓……來助興。每個人都穿上優美的韓服，飄散著傳統的幽香。

韓服起初受中國唐代影響甚鉅，韓國史書有載：「服制禮儀，生活起居，奚同中國」。一直到「李朝」中期（十五、十六世紀）才開始有了自己的個性，女裝逐漸向高腰、襦裙、飄帶發展，風格端莊嫻雅；男裝則高冠、短衣、長褲，敦厚古樸。韓人又被稱為「白衣民族」，平日著衣以雪白為正色，說不出的清爽飄逸；只有逢年過節時才穿上粉紅、碧綠、鵝黃、朱紅、深藍等諸般艷色，看起來亮麗耀眼。

韓國近年來致力於「去中國化」，將首都「漢城」改名為「首爾」，首爾街頭觸目所見都是形狀奇特的韓文。但韓國人其實到十六世紀才發明韓文，之前使用的都是中國文字，在民俗村中歷歷可見。我在村中看到古樸的韓國農家，旁觀了異類的薩滿教祭典，親歷了歡樂的四物表演、走繩、春年糕等慶典，沉醉於韓國的民俗文化之中。

有一戶木門、土牆、格子窗的農家，門口堆著一大疊的薪柴，牆上掛著竹帽和炊

▲ 大漢門衛士

▲ 白衣吹簫男

具，貼著「文章道德真君子，雲淡風輕近午天」的對聯，牆角放著一枝竹掃把，給人中國農家的錯覺。屋旁的竹棚上爬著碧綠的瓜藤，結實纍纍，垂著玲瓏可愛的葫蘆瓜。屋外地上挖有兩口大灶，一口灶放飯鍋煮飯，一口灶放湯鍋熬湯。這些韓國農屋容易著火，農民都習慣在室外舉炊。雖然空氣新鮮，但成天日晒雨淋的也實在辛苦。

▲上：韓國古代農家
下：薩滿祭典

在中秋節的薩滿祭典上，韓國人順便祭祀祖先。於守舊的韓國人而言，薩滿教是種恐懼和迷信的宗教。對新一代的韓國人和我而言，卻是一種全新的文化體驗。現在的薩滿教巫師幾乎全是女人，但在古代有男巫師也有女巫師。只見一個男巫師披著烏黑的道袍，戴著朱紅的高冠，口中唸唸有辭，唸出一長串我聽不懂的咒語，呼喚著過往的亡靈。身旁站著一個淺藍韓服的女助手，面色凝肅。他們的頭頂上張結紅、藍、白、黃諸色的布條，拉成遮風避雨的布棚。韓國民間自古信奉薩滿教，凡山川草木和自然萬物中的精靈神怪，都在崇拜之列。他們深信薩滿巫師是與神靈世界溝通的媒介，能夠驅魔治病。他們也深信死人有靈魂，巫師能夠解決死人與活人間的衝突。

薩滿教中秋祭典的祭品非常豐富，主要是各色年糕和梨、蘋果、葡萄等秋日佳果。韓國年糕依沾料、內餡可分為數百種之多，通常不加糖不包餡，靠甜美的沾料來添香增味。他們先將米磨成米漿，再用木棒舂成年糕，質地堅韌有彈性。吃時分別沾上黃豆粉、蜂蜜、柿漿，創造出許多不同的口味。那鑲入紅棗、柿子、黑豆、芝麻的「百果年糕」特別引人垂涎，糕上裝飾著花花綠綠的紙花，有種鄉氣的樸拙之美。

我不禁深深的羨慕起韓國人來。韓國最後一個王朝「李朝」長達六百年的政權，讓人民將過年的傳統習俗保存得十分完整。中國改朝換代頻仍，在這六百年間內已歷經元、明、清三代，再經「鴉片戰爭」及「八國聯軍」的外侮，以及文化大革命的十年浩劫，歷史文物大量崩毀散失，人人都像失根的蘭花，年味愈來愈淡，有時倒反要「禮失求諸野」的向韓國人請教了！

▲ 韓國年糕

▲ 百果年糕

韓國烤肉及其他

韓國烤肉在美國是一種很受歡迎的佳餚。紐約和舊金山都有韓國人聚居的社區，紐約的韓國區是在四十七街一帶，離著名的珠寶街「鑽石街」很近。我旅居紐約時很喜歡去那裡的「江西會館」吃烤肉，「江西」指的是韓國的漢江以西，而不是中國的江西省。舊金山的韓國區，則在基立大道（Geary Blvd）的日本城附近。

紐約「江西會館」的口味極道地，有一些小菜是其他韓國烤肉店吃不到的，如醬

▲ 各式各樣的韓國泡菜

蟹。韓國人也像中國的北方人一樣，喜歡用黃豆釀成豆醬，用來配烤肉吃，也可用來做醬蟹。這種黃豆醬聽起來像甜麵醬，卻比甜麵醬要香甜多了，碎黃豆的顆粒也粗得多。醬蟹的作法是把生螃蟹醃在醬裡一段時日，等入味後就可以吃了。生螃蟹的鮮甜加上豆醬的甘香，往往使我忘了生吃螃蟹的危險而一再下箸。

黃豆醬的另一功能，是配烤肉食用。吃韓國烤肉時，店家往往附贈一盤羅蔓生菜葉（Romaine lettuce），這種菜葉呈翠綠色，大而厚，用來包烤肉吃剛好。包的時候別忘了抹上一點黃豆醬，才是道地的高麗吃法。我覺得這種吃法很科學，烤肉吃多了容易上火，包在性涼的生菜葉中吃則去火。但無味的菜葉會減弱烤肉的焦香，因此要抹上一點黃豆醬以增其味。北京人吃烤鴨時，把鴨肉捲在薄餅中，不也要抹點甜麵醬嗎？有的人甚至還要夾一堆大蔥呢！

韓國烤肉最令人讚賞的是滋味香美，醃肉汁是醬油、芝麻油、大蒜、蔥、辣椒、糖的組合，滋味又香又甜又辣。燒烤的肉類包羅萬象，除了牛、雞、豬及各色海鮮外，還有牛肚、牛腸等內臟，最好吃的是烤牛小排、烤魷魚、烤牛肚。薄薄的烤牛肉片在強大的火力下容易變老，肉厚的烤牛小排可以烤得外焦裡嫩，沾點黃豆醬，裹在生菜葉裡，佐以韓國OB啤酒，和各種附送小菜，真令人心滿意足。烤魷魚和烤牛肚則吃個鮮脆，吃多了也不會有飽脹之感。此外，有一種叫 chop jae 的炒粉絲很特別，香滑甜潤。有一種韓式海鮮煎餅 pajun，把蝦仁、魷魚、生牡蠣等海鮮包在蔥蛋餅中煎熟，也很新奇可口。

美國牛肉量多質優，吃韓國烤肉最是物美價廉，還附送小菜。韓國小菜都是裝在小碟子裡，林林總總有十幾樣，擺滿了一桌子。有各式泡菜（大白菜、黃豆芽、蘿蔔、蕪菁……）、綠豆涼粉、魚餅、馬鈴薯沙拉、魚卵、油豆腐等。日本也流行吃韓國烤肉，滿街都是「燒肉店」，滋味不差，我住東京時也常去。日本肉價昂貴，牛肉分量奇少，往往兩個人花個一萬日幣還吃不飽。各種附菜包括泡菜、白飯、熱湯都要另外算錢，除非狠下心不惜工本，否則吃得不過癮。台灣的韓國烤肉店不多，店東多為台灣人或韓國華僑，價錢也貴，都不如美國的好。

漢城的韓國烤肉應該最正宗，卻最令人失望。原來韓國和日本一樣，反對進口牛肉，造成牛肉價昂，一般人根本吃不起。無論是在有「漢城銀座」之稱的明洞，或「漢城琉璃廠」之稱的仁寺洞吃烤肉，吃到的都是肥嘟嘟的五花豬肉。我詢以牛小排，都說得去梨泰院吃。梨泰院是「韓戰」的美軍基地，當時曾大量從

▼左：美國的韓國烤肉店附送各式小菜　右：韓國烤肉配料多

▲ 大白菜

美國進口牛肉，牛肉菜餚一向有名。我們吃了幾天的五花豬肉後，有一晚特地從明洞搭計程車，去梨泰院吃烤牛小排。一頓晚餐花了六十美元，沒有吃飽。一份牛小排只有十片左右，泡菜也是每碟算錢的。

在美國吃韓國烤肉，有時店家也慷慨的附送熱湯、白飯和甜點。有些熱湯是純牛骨熬出來的高湯，濃郁清純。有些熱湯則如白開水，淡而無味。不過吃烤肉時很少有人會想喝熱湯的，我也就不計較了。至於那碗白飯，都是裝在不銹鋼碗裡送來，老是熱騰騰的，動人食慾。但那鋼碗燙得緊，千萬別用手去摸，以免燙傷。有的店家在飯後會附贈一碗冰涼的松子甜湯，裡面居然有兩片鮮柿，一派純正的北國風味，令我感動不已。

在韓劇《大長今》襲捲全球之前，我就已常在家自製韓國烤肉待客，也自己動手做韓國泡菜。一般人以為韓國泡菜只是 Kimchee，用大白菜長期醃製，滋味酸酸辣辣的，其實不然。據我所知，幾乎所有的蔬菜都可以拿來做泡菜，口味五花八門，有辣的也有不辣的，有的要長期醃製，有的當天就可以吃，這要歸功於我青年時代的韓裔好友 Mary。

Mary 是波蘭男人與韓國女人的混血，黃皮膚、高身材，有韓國人的杏眼、波蘭人的大鼻子，性情活潑直率，熱心助人，常邀我去她家玩，後來還當了我婚禮上的伴娘。她的父親當年參加韓戰，在漢城娶了她的母親。她母親是標準的韓式賢妻良母，善於烹飪，教會我一種當天可現吃的韓國泡菜，是用新鮮的高麗菜葉做的，口味香甜清爽。她說韓國人做泡菜，講究只用一隻手（右手）去搓揉攪拌，才顯技藝超群。高麗菜葉千萬不可用刀切，以免有鐵銹味。只要用手將高麗菜葉撕成片狀，用鹽略醃，出水後再加蔥絲、蒜片、白糖、辣椒粉用手搓揉，靜置一個小時入味後，再澆幾滴麻油拌勻，就可以吃了。我用同法做黃豆芽泡菜，滋味亦十分可口，成為我家的招牌菜之一。

韓國與中國東北接壤，兩地都有著白山黑水、茂林深湖的氣魄。韓國人五官分明的北方臉譜，總讓我想起松花江及長白山，這種血緣文化上的親切感，加深了我對韓國烤肉的深情。韓國飲食固受中國東北的影響，也有其獨創的風格與菜色，吃烤肉的習慣就十足顯現了北風民族的剽悍，而絕不類煙雨江南吃鰣魚和春筍的風雅。吃不只是口腹之慾，更是一種精神上的渴求。比起美式烤牛排來，韓國烤肉更能滿足我的味覺，充實我的味蕾。原來我的形體雖在美國住了三十年，我的心還是完全中國的。

品味越南菜

越南古名「安南」，曾被中國人統治了一千年之久，在十九世紀末期又淪為法國的殖民地，到第二次世界大戰後才宣告獨立，從飲食烹調上可以看到中國和法國的影響。越南粉和廣東粉一樣，也是用米漿做的，不過形體細長，口感也比較爽滑。最有名是「粉」，除了雞絲粉外，也有牛肉粉和海鮮粉，都是帶湯的，湯多粉少。

我初嚐越南菜是在唸台大的時候。那時台大後門基隆路三段一帶有個據說是東南亞華僑的老先生，搭了一個簡陋的竹棚子賣越南點心。他只賣四樣菜：雞絲粉湯、越南春

▲ 下龍灣的水果攤

捲、粽子，還有一樣現在一直想不起來。滋味很普通，雞絲粉湯就是在中式粉絲湯裡放點雞絲、灑點薑末而已。那時在台灣還買不到正宗的越南粉，聊勝於無。春捲和粽子也一樣，吃不出有什麼越南風味。我之所以常去造訪，主要是留戀那裡的情調。

這家小攤子地點很隱密，食客一向不多，安靜得很。台北常下雨，粗大的雨點打在竹棚子上，叮叮咚咚，別有一番撩人的詩情。在這裡吃飯，一顆心便不由得靜了下來。想像裡自己彷若古代的俠客，仗劍江湖，下雨時便到這個簡陋的食攤來上一碟燒肉、二兩白乾，自斟自酌，避雨也暫時躲避一下江湖滄桑。

那位老先生也自製五顏六色的南洋糕點，有時拿到台大女生宿舍旁邊的傅園去販賣，風雨無阻。他那個人很安靜，總是默默的站在園裡，從不出聲招攬生意。攤子旁老是圍滿慕名而來的女生，七嘴八舌的挑選。我最喜歡淡綠的艾草糕，軟而有咬勁，糕上還滾了一層雪白的椰子屑。粉白的香蕉糕也不錯，軟而糯，帶著香蕉的甜香。

他的糕點都切得方方正正的，只有麻將牌那麼大，每個新台幣一元。有一次跟他閒聊，他說這都是他太太親手做的，自怨自艾不能給妻子過更好的生活，然後就再也不言語了。他的臉上總有一層淡淡的書卷氣，像個懷才不遇的讀書人。我前幾年回台灣探親時，曾到台大後門去尋那個小攤子，卻再也找不到了。我似乎再也沒有吃過那麼精緻的越南糕點。那是一個妻子用「愛心」當原料精心製作的。每每想起這些往事，總覺得如真似幻，像是在做夢似的。

如今我所定居的加州矽谷越南人聚居，越南菜竟變成我生活中不可或缺的一部分了。「和」（Pho）是最富盛名的連鎖越南粉店，我每個禮拜要光顧一次。越南粉比廣東河粉細長透明，又比中國粉絲要粗得多。他們的牛肉粉可依配料分為幾十種，大約不出生牛肉、熟牛肉、生腩、熟腩、肥筋、百葉肚的排列組合。湯是用牛骨吊出來的，濃而且清。每碗牛肉粉附贈一盤生豆芽和紫蘇，附加切片的綠辣椒和青檸，以便加在湯中食用。現燙的牛肉片薄而嫩，豆芽爽而脆，加上紫蘇的清香、檸檬的酸、辣椒的辣，吃得人滿頭大汗，頻頻叫好。

另有一家叫「芽莊」的越南餐館，越南春捲、蔗蝦、香茅燒雞、大頭蝦炒麵十分美味。越南春捲源自中國春捲，但皮更薄，薄得幾乎透明，甚至可以看到內餡，有炸的、蒸的兩種。炸的除了包肉絲、青菜外，還有包蝦肉、蟹肉的。蒸的把春捲皮蒸熟放冷，再捲上蝦、豬肉皮、黃瓜絲，爽口得很。蔗蝦把一小段甘蔗從中剖開一條縫，再鑲入拌好的蝦漿，上爐燒烤而成。蝦肉的鮮美融合甘蔗的清甜，令人難忘。

香茅燒雞也香甜下飯。把雞用香茅草（又稱檸檬草）醃過，再上爐燒烤，香酸甜嫩。蟹王蘆筍湯是越南的名湯之一，帶有濃厚的法國影響。蘆筍是由法國人傳入越南的，為越南人所廣泛喜愛，普及於越南。以新鮮蟹肉和白蘆筍做為原料慢火燉濃，再以

▲左：越南牛肉粉常附贈綠豆芽和九層塔葉　右：越南名菜——香茅燒雞

太白粉勾芡，並打入蛋白而成，味道很像中國湯。

大頭蝦炒麵是越南菜中的一絕。大頭蝦是越南所產的淡水大明蝦，體積和台灣的草蝦相仿，頭中盛滿了甘甜的蝦腦。把這種明蝦連殼對半剖開，用來炒雞蛋麵，並酌加洋蔥、豆芽和薑片。甘甜的蝦腦一炒一燜後全浸入了麵中，那種膏腴甘芬實在難以形容，比粵式的龍蝦炒伊麵更勝三分。粵式的龍蝦炒伊麵中的龍蝦肉雖清甜，惜無蝦腦陪襯，吃起來蝦還是蝦，麵還是麵，靠的是豬油提味，並沒有蝦麵合成一體的感受。

飯後如仍食意酣暢，再來點越南咖啡和甜點打牙祭。有一家叫Khanh's的越南餐館，甜點做得特別甘潤。咖啡濃而且香，

▲左：下龍灣　右：越南咖啡與焦糖布丁

近似意大利 Espresso 咖啡的風味。裝在小型的濾咖啡玻璃器皿中送來，再傾入杯中飲用，以甜煉乳調味，又甜又勁。越南的甜點除了法式布丁外，還有巧克力慕斯蛋糕、各式冰品等。紅豆冰裝在長型的玻璃杯裡送來，最底層放了紅豆、艾草凍、上層加刨冰再澆上椰子奶而成，頗有台灣紅豆牛奶冰的風味。有一種甜品是將煮熟的香蕉，浸在椰奶蜜糖水中，裝在小杯子裡，用湯匙取用。味道甜濃溫熱，很適合當冬天午的後點心。

自從西貢淪陷後，烽火越南的悲慘景象使我久久不敢去造訪心儀的越南。據說近年來西貢已逐漸復甦，下龍灣並有「海上桂林」的美譽，希望有一天能親歷其境，嚐嚐真正的越南菜。

泰國菜隨筆

泰國古名暹羅（Siam），在一九四九年才更名為Thailand，意為「自由的國度」，是東南亞唯一沒受過西方強權統治的國家。近年來泰國也自稱「微笑的國度」，泰航觀光海報上常印著身材曼妙的空姐，露出甜美的笑容，吸引著四面八方的遊人，魅力不下於香濃味美的泰國菜。

泰國部分先民原居中國雲南一帶，為逃避蒙古入侵而南下遷居中南半島。一二三八

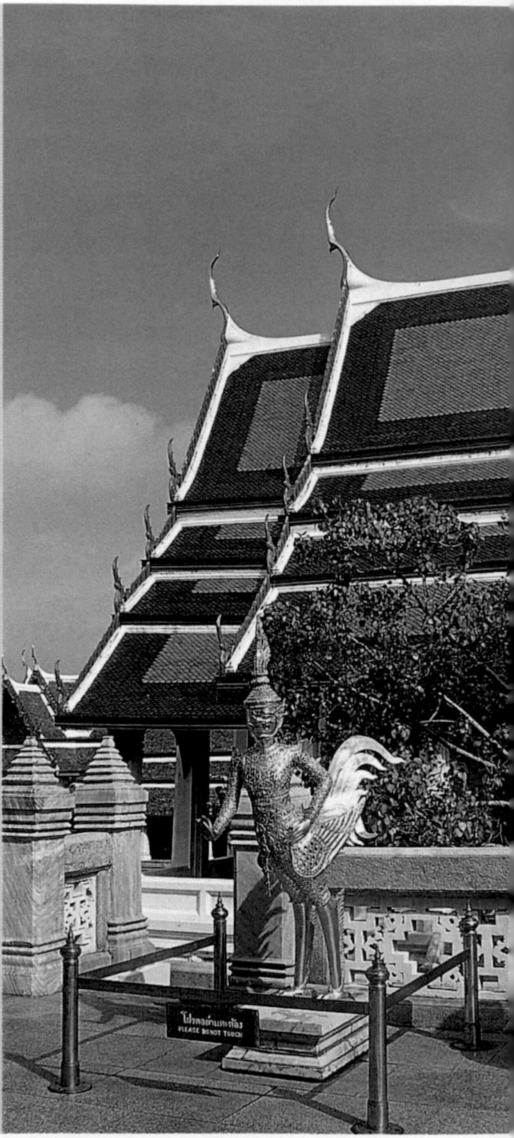

▲ 泰國的佛寺

年建立素可泰王國。十四世紀中葉，阿瑜陀耶王國（大城王國）取而代之，被明朝封為「暹羅國」（Siam），後被緬甸所滅。十八世紀時，華裔鄭信建立吞武里王朝，後代拉瑪一世掌握政權，建都曼谷，史稱「曼谷王朝」。

曼谷王朝的拉瑪四世採取開放政策，引進西方文明。同時為了抵禦西洋殖民勢力的入侵，他特從英國聘請了女家教瑪格麗特・蘭登（Margaret Landon）來教授太子朱拉隆功英文，一直到他去世為止。在這六年中（一八六二～一八六七），他與蘭登女士情愫暗生，但一直沒有機會表白。蘭登女士歸國後將這段難忘的經歷寫成小說《安娜與暹羅王》，後來改編成好萊塢電影《國王與我》（The King and I），轟動全世界。

拉瑪四世死後，太子朱拉隆功即位，成為英明的拉瑪五世。拉瑪五世借鑑西方經驗，進行了一系列改革，得以保持暹羅領土與主權的完整。一九三二年六月在一次不流血的革命後，暹羅終於成為君主立憲制國家，一九四九年改名泰國。四季常青的天候，富庶的物產，長久的和平，造就了燦爛的飲食文明。

我就是因為愛吃泰國菜，才不遠千里去了兩次泰國。我遍遊曼谷、芭提雅、水上市場，目迷五色，齒頰留香。美麗的熱帶風光、樂天知命的民眾、金黃巍峨的宮殿廟宇、香濃味美的菜餚，令人想長居斯土。水上市場裡，一艘艘木棚小船在河上緩緩遊弋，盛載著鮮花美果、衣服百貨，甚至鍋盆碗筷，小販當場賣起牛丸米粉湯來。那種異國情調極是

▲ 左：泰國盛產各種熱帶佳果　右：浪漫的水上市場

浪漫，但也容易樂極生悲。小販的住家就是河邊的高腳樓，簷下立著陶缸，存貯清潔的雨水，以供煮食之用。河水早受到污染，不能飲用了。牛丸米粉湯據說就是用隔夜的雨水煮的，熱騰騰香氣撲鼻。我受不了誘惑來了一碗，竟腹瀉終日，次日去芭提雅海灘玩時，也有類似的經驗，以後只好步步為營，只在酒店和餐館用餐了。

我們初履曼谷時，住在市區的「凱悅大酒店」。酒店剛落成有特價優待，每晚不過七十五美元，服務人員和善有禮，開門的小廝老遠看到我們倦遊歸來，便露出微笑替我們打開大門，不愧是一個「微笑的國度」。豐富的早餐自助餐除了西式炒蛋火腿外，還有泰式的米粉湯和魚生粥。各式的熱帶水果最是迷人：無論是蓮霧、紅毛丹、芭樂、波羅蜜、山竹、人參果，都汁甜味美。

泰國是蓮霧的原產地，種類很多，有一種淡綠的小蓮霧清甜退火，百吃不厭。暗紅的「黑珍珠」是台灣人改良成功的，碩大甘甜，名聞遐邇。我還喜歡吃人參果，橢圓而小，棕色薄皮，紅棕的果肉，汁水甜得像蜜，帶著人參的香氣。台灣南部也有出產，產量不豐，上市幾天就斷貨了，留下一陣淡淡的惆悵，我在曼谷總算彌補了當年的遺憾。

有一晚我們特地去造訪一家新潮泰式餐館。餐館共有兩樓，屋宇高華，熱鬧滾滾，坐滿了年輕人。菜單足有二十幾頁長，全是泰語。我們半看半猜，點了幾道比較熟悉的菜餚。鄰桌的泰國人點了一道用綠芭蕉葉包裹的佳餚，葉子裡包的居然是烤鵪鶉，不知道菜名是什麼。我們點的咖哩和沙嗲也頗為精美，餐後給了侍者五美元當小費，大約相當於他一天的薪水，十來歲的侍者高興得一直送我們到大門口，不停的鞠躬。我們受寵若驚之餘，也為泰國國民所得之低唏噓不已。

第二次去曼谷住在 Marriot 大酒店。這家的餐點以精美著稱，自助午餐裡有咖哩雞、鑲蟹蓋、小捲沙拉、烤大頭蝦、泰式春捲、小捲沙拉等，裝飾著水果雕花，一看就令人食指大動。有個紅瓤西瓜被刻成一朵大紅的牡丹，艷麗奪目。泰國是著名的「水果王國」，水果雕花是著名的傳統工藝，除了西瓜外，香瓜、木瓜以及其他熱帶瓜果，都可以精心雕刻成各種不同的花朵。不但保留了原來瓜果的形狀，也利用了本身的綠皮紅瓤，賞心悅

▲ 精美的水果雕花是泰國菜的特色之一

目。如果說中式蔬菜雕花像是一具雕塑，泰國水果雕花就像一幅版畫了。

泰國人也擅長做鑲嵌的食物。「鑲蟹蓋」在蟹蓋裡鑲滿了蟹肉，塗上乳酪烘烤，好吃又好看，是法國殖民者的遺留。「鑲雞翼」則把雞翼切出一條縫，鑲入醃過的碎豬肉再油炸而成。這道菜頗有中國名菜「鳳翼穿雲」的影子，只是用的不是雲腿而是碎豬肉。

泰國咖哩是泰國南部的名菜，大多是辣的，可以用來配任何魚肉和蔬菜。原傳自馬來西亞及印度，加了椰奶及花生粉，滋味更為芳潤適口。咖哩還依顏色和成份，分為黃、綠、紅、回教四種：加了紅辣椒的是紅咖哩，加了綠辣椒的是綠咖哩。黃咖哩顏色金黃，原汁原味，不放辣椒。回教咖哩類似黃咖哩，但另加了肉桂、丁香、小豆蔻，香氣特別濃烈繁複。

泰國人喜歡吃各式涼拌的沙拉，裡面放大量的青木瓜絲，吃起來脆脆甜甜的。有一道「小捲沙拉」是用燙熟的小捲和整株的西洋芹，切碎的洋蔥、紫蘇、青木瓜絲，加上醋、魚露、檸檬汁加以涼拌的，香酸開胃。泰國人也喜歡吃炒青菜，大多用大火爆炒，再酌加

▲左：鑲螃蟹　右：小捲沙拉

魚露和醬油，風味殊異，但火候掌握得好，口感脆而且嫩，並不比中國式的炒青菜遜色。

泰國人午餐吃得少，多半只以粉麵果腹，這點也像中國人。泰國菜中也有炒米粉、炒冬粉、炸春捲等名目，從中國雲南傳入泰北清邁一帶。泰北不產辣椒，這些菜都是不辣的。泰國炒冬粉做得特好，不知道放了些什麼佐料，吃起來香鮮無比，我無論如何模擬都做不出那種滋味來。泰式炸春捲的滋味和中式炸春捲大不相同，餡料是香菇、粉絲、碎牛肉、紅蘿蔔絲、豆芽、洋蔥等，並以魚露、胡椒、糖、蒜頭調味。吃時佐以特製的泰式糖醋汁，而不是沾醬油。

隨著泰國菜的風行，美國的中國超市裡都設立了一個部門，專賣泰國人愛用的各式蔬果，除了青木瓜絲、紫蘇外，還有薄荷、檸檬草、枸杞葉、芭蕉花等名目，和魚露、咖哩、沙嗲醬等調味料。我年輕時受不了魚露的腥味，如今聞起來只覺其鮮無比，可見嗅覺和口味是可以改變的。我買了一瓶魚露，有時用來涼拌蔬菜，有時用來做泰國佳餚「芫荽煎排骨」。把小排骨用搗碎的芫荽、魚露、黑胡椒、白胡椒、糖、醬油醃過，再用中火煎熟，無論是用來下酒或佐餐，都比中式的椒鹽排骨更勝一籌。

泰國人喜歡味道強烈的調味品，不太欣賞清淡的美味，這個烹調特色在泰國酸湯（tom yam）中顯露無疑。檸檬草（Lemon grass）是酸湯的靈魂，樣子細長，顏色淺綠，和普通等茅草桿子沒什麼兩樣，味道則和檸檬一樣酸。泰國酸湯除了用檸檬草調味外，還要擠進幾滴檸檬汁，並放入大量的辣椒，酸辣的程度令人牙根發軟，全身冒汗，中國酸辣湯根本望塵莫及。湯中放的大多是魚蝦海鮮，並加一點大白菜和洋菇。我偶而胃口不開時也叫來嚐嚐，有些人卻始終無法接受。

泰國人有不少原是雲南擺夷族的後裔，喜吃芭蕉花。芭蕉花只有在含苞待放時可食，花苞有一個橄欖球大，色呈紫紅，有淡淡的清香。他們把新鮮芭蕉花切碎，加點梨片、紫蘇涼拌，做成生菜沙拉，清鮮可人。雲南人也吃芭蕉花，雲南人切片清炒，或加肉片做湯。就像捲心菜一樣，不必剝開來清洗，但比捲心菜鮮嫩得多。

泰國菜融合了中國菜、印度菜、緬甸菜、法國菜……的特色，東西交融，眾香發越，已成為世界級的主流餐飲。從紐約曼哈頓到倫敦牛津街、巴黎香榭麗舍大道，北自斯德哥爾摩，南到雪梨，都矗立著泰國餐廳的招牌。除了酸甜香辣容易令人上癮外，健康天然的食材，美麗的盤飾，也是亮點之一。中國菜在國際上的評價已不如日本料理，如不急起直追，恐怕又要被泰國菜超前了。

日本飲食文化雜談

一、菜場風光

日本人基本上是個吃魚的民族。他們吃肉吃得很少，以前是相信肉不潔淨，如今則是因為肉價太高。蔬菜也吃得多，作法多為涼拌或醃漬，很少像中國人一樣用大火炒青菜來吃。這是因為他們冬天常下雪，無青菜可吃而留下來的習俗。

▲ 幽靜的日本榻榻米餐室

▲左：日本漬菜特寫　右：漬菜是日本人飲食生活中很重要的一部分

在日本超市或傳統市場裡，總有一個部門是專門賣醃菜的，素材無非是黃瓜、白菜、蘿蔔、牛蒡、海帶之屬，有甜的、鹹的、酸的、淡而無味的，就是沒有辣的。日本人是不吃辣的，麻婆豆腐傳到日本以後也變得不辣了，日本人嗜之如命。他們吃生魚片偏又要沾辣死人的芥末，我詢問其故，他們辯稱芥末是一股子「沖」勁直上腦門，和辣椒那種辣得人舌頭發麻的「辣」勁是不一樣的。你說呢？

比較有名的醃菜，是京都「千枚漬」和奈良的「奈良漬」。「千枚漬」主要是用醃過的白蕪菁，切成薄片。「奈良漬」是用酒糟醃過的大黃瓜，味甜而帶著糟香，我想一般台灣人對它也很熟悉。我對「奈良漬」頗有好感，到奈良時還特地買了幾份回來分贈親友。

市場中的鮮魚部門，最令人百看不厭。那些

▲ 京都的千枚漬是日本漬菜的代表

魚真是非常新鮮，鮮活的魚鱗還閃閃發亮，好像是剛從水裡撈上來的，種類之多令人咋舌。除了常見的鮪魚、鮭魚、鱸魚、鱈魚外，還有比較少見的鰤魚、河豚，蝦、干貝、小捲也很常見。最妙的是，除了河豚外，價格都不貴，比肉便宜得多，愛吃海鮮的人到日本有福了。我最常買小捲，盛產時一條新鮮得可以當生魚片吃的小捲才賣一百日幣。我買回來做生炒小捲或魷魚羹，滋味鮮美得令人驚奇。

肉類部門是我最不愛看的。最上等的松阪牛肉，一百公克可以賣到一萬日幣以上，九州產的黑豚和地雞也不便宜。難怪有時在居酒屋點「豚角煮」（即東坡肉）這道菜，端上來一看只有一塊小型的五花肉，兩口就吃完了，卻價值六百日幣。不過物有所值，日本的肉類品質實在好。像喝啤酒和按摩長大的松阪牛，牛肉中脂肪分布均勻，非常漂亮，日本人稱為「霜降」。九州的地雞除了是野地放養的以外，還以有機飼料飼養，滋味比台灣的土雞略勝一籌，不但毫無雞腥味，而且非常肥嫩。

蔬果部門亦頗有可觀。蔬菜價格也高，所以他們賣蔬菜很少單賣一整顆，都是切開來賣的：高麗菜切成四分之一，西洋芹菜一根根分開，各用塑膠紙包裝得漂漂亮亮的。日本人喜食菊花，將它當蔬菜食用，蔬菜部門也可以看到一盒盒的紫菊或白菊，風雅得很。春天蒜苗上市的時候，價格非常的便宜，通常一把只賣三百日幣，我常買來炒小捲吃。有一種叫茗荷的蔬菜，一顆顆黃中帶紫，看起來像嫩薑芽，滋味卻不相同。我的日本朋友林小姐通常切碎拌鮪魚沙拉吃，風味香辛可口。

日本盛產菇類，除了最常見的香菇、金菇及鮑魚菇外，還有一種叫柳松菇（shmezi）的小香菌，上灰下白，傘蓋圓圓的，是日本的特產，我在其他地方還沒見過。柳松菇可說是十八配，除了放在味噌湯裡增加鮮味外，居酒屋也將它和牛肉片以奶油混炒，是一道西式下酒菜。日本的意大利餐館也用來搭配通心麵，味道居然也很協調。

最名貴的應該是松茸了。松茸在八、九月時上市，樣子醜怪，色呈棕黃，一公斤要好幾萬日幣。法國的松露菌被稱為「地下的黃金」，我想松茸的身價也相去不遠。捨不得買整顆松茸回去食用的人，可試試超市裡所賣的松茸飯，我其實並不覺得它有什麼不得了的

▲ 日本的傳統市場充滿生氣

香氣，大概也是物以稀為貴吧！

我覺得菜市場是一國飲食文化的縮影。在那裡不但看到該國人民日常所吃的食物，瞭解他們的物價，從熟食部食品的口味，也可以略窺其烹調水準於一二。逛日本的菜市場尤其是一件賞心樂事，工作人員服務周到，各種魚肉和蔬果新鮮漂亮，看不到一根敗葉。熟食部的食品種類又多，舉凡日本所有的食品，幾乎全買得到，又都可免費試吃，有時逛一圈下來，幾乎可以省下一頓飯錢。

不過，這當然不是我逛日本菜市場的主要目的。我最留戀那裡濃厚的人情味和勃勃的生氣。每個小攤子都殷勤地向你問好，請你試吃。全日本各地的物產都在這裡集中，北海道日高的昆布、宇治的新茶、京都的白味噌、伊豆半島的味噌漬魚，都可以免費一一品嚐。好一個太平盛世的景象，也好像我幼時所見的台灣廟會。比起美式超級市場的冰冷之味，完全是兩個渾然不同的世界。

所以我每次一回到日本，就迫不及待的往菜市場報到。對我而言，菜市場像一個活生生的飲食博物館；而在那裡，我也深刻的感覺到了日本人民日常生活的脈動，點滴在心，絲絲入扣與我血肉相連。我不再覺得自己是一個異鄉人。

二、日本料理的飲食流派

中國菜的飲食流派一向以地域來劃分，較知名的有粵菜、台菜、川菜、湘菜、江浙菜等。日本卻大多是以食物的類型來劃分的，如壽司屋、天婦羅屋、拉麵館、河豚料理、懷石料理、鰻魚亭、牛肉爐、精進料理等。

當然日本菜也有關東料理、關西料理、北海（道）料理、九州南蠻（西洋人）料理等名目，但我覺得這種區域性的劃分，觀念上的意義大於實質。它所表達的似乎只是口味和素材上的差異，非菜色的不同，或是烹調法的獨特性。我的日本老師浮田女士是關西大阪人，她也只說關西口味比關東清淡，卻也說不出關西料理有何特別菜色。我到北海道去玩時，曾特地去見識了一下著名的北海活魚料理。那家店所供應的活海鮮全是北海道的特產，但作法仍是千篇一律的生魚片、天婦羅、燒烤或火鍋。

這就和中國菜完全不同了。像我們都知道吃烤鴨和涮羊肉要上北京館子，而過橋米線只有雲南館子才道地。魚香味是四川菜獨有的滋味，白灼海鮮則是粵菜館的獨門絕活。不過中國菜博大精深，我們是從小耳濡目染才知道這些竅門，換了一個對中國菜一知半解的外國人，他可能就要一翻兩瞪眼，想吃北京烤鴨卻進了粵菜館，想吃魚香肉絲卻進了雲南館子，而吃了一肚子氣了。

所以像日本餐館的這種劃分，簡單明瞭，對外國人而言，點起菜來是容易的多了。何況他們大都在櫥窗裡擺設幾可亂真的塑膠食物模型和價格，讓每個人都很清楚自己到底想吃什麼。不會講日文的只要用手向食物模型一指，也就一切ＯＫ了，我覺得這真是餐館管理學上的一大突破。

何況，一個餐館若只專精於一樣菜色，在手藝上更能精益求精，做得盡善盡美。採辦材料也要簡單得多，壽司屋只買生魚、米和其他配料，河豚料理只要買河豚，分量固定，當天用完，所以能保持素材的新鮮和品質的穩定。

至於中國餐館，不管是那一省的口味，在素材的管理上是要困難多了。無論哪一家，菜單都是洋洋灑灑數十頁，各種魚肉青菜，山珍海味都要備辦，分量又難以預測，有時客人不免就要吃到一些不新鮮的菜餚。如何改進，我想是個值得國內餐飲專家去探討的課題。

三、日本人的待客之道

日本人不太好客，很少請客吃飯。即使請了客也是有條件的，而且菜餚不見得豐盛，他們在中國人的觀念裡，實在是名副其實的小氣鬼。像外子在日本的IBM上班，剛報到的時候為了聯絡感情，請一位同事吃了一碗拉麵，但後來那個人一直沒有回請過。他們唯一請客的時候，是在公司辦員工歡迎會及送別會的時候，可是卻也不歡迎被請的人攜眷參加。

當他們為外子在一家韓國烤肉店舉辦歡迎會時，也曾邀請我參加，沒想到我真的去了，大概害他們多破費不少。後來在外子的送別會時，我就再也沒有接到過邀請。原來以前那個邀請也只是禮貌性的，他們其實希望我拒絕，沒想到我卻很美國化的接受了。

除了錢的問題之外，也因為日本人並不作興夫婦同進同出。通常先生有先生的活動，太太有太太的節目，涇渭分明，很少夫妻一起參加應酬。所以居酒屋清一色的西裝革履，喫茶店又清一色的胭脂釵裙，令人覺得滑稽。

至於我的社交生活呢，也好不了太多。我在一年內只到過日本人家裡吃過三頓飯。

一次是日文老師青木女士請我吃午飯，因為我免費到她家教她中文。菜色是海帶沙拉、冷蕎麥素麵和日式煎蛋捲，分量既少，又全是冷的，在美國只能算是開胃菜。我那天半餓著肚子回家，在半路上又補了一碗拉麵才算吃飽。

一次是我的英文學生們請我吃中飯，因為我學費收得低，課又教得多，他們很喜歡我。這是一個為日本家庭主婦們召開的英文會話班，學生大約有五六人，她們都有日本大學學歷，召集人里子太太還擁有澳洲雪梨大學的英文碩士學位，我和她們處得很愉快。她們每個人帶一道菜，大多是西式的，有海鮮沙拉、意大利披薩等，比上一頓飯豐盛多了。我注意到日本的家庭飲食逐漸西化，她們都很無奈的說西餐又便宜又省事，小孩也愛吃，還可以表示自己有文化，所以慢慢的就不太做日本菜了。看來日本的明治維新，做得比我想像的要徹底得多。

最後一次是我要離開日本前，因為青木老師的推薦，受邀參加日本一位日語權威教師服部女士在家舉辦的國際日文學生餐會。聽說受邀是一種榮譽，要有兩把刷子才行，至少要能用日文寒暄應酬，並會做菜。每個人得當場表演一道自己母國的名菜，並加以講解，讓其他人都聽得懂。為了要參加這個宴會，可把我累慘了。

我的住處離她家搭巴士兼電車，有一個半小時之遙。所有的材料、道具得自己準備，我計劃表演什錦炒米粉，食材眾多，得自己掏腰包購買。我又怕她家沒有合用的炒鍋，把自己的炒鍋也帶去了。大包小包的其重無比，在電車上狼狽不堪。

在她家表演時，我的日文結結巴巴，半生不熟，已夠令我緊張；炒米粉的過程又複雜，炒得我滿頭大汗。好不容易把炒米粉端上桌時，我已經累得毫無食慾了。看著滿桌的國際名菜（西班牙海鮮飯、摩洛哥羊肉小米飯、日本什錦壽司、法國grand marnier蛋糕），我只覺得我寧願自己到小攤子上吃一碗拉麵。

至於到餐館吃飯，一般也是各付各的。連我今年初重遊日本，打電話給里子太太，她很興奮的從橫濱搭電車來東京的旅館看我，一起吃了一頓午飯，也是各自付帳。我還送了她不少禮物呢！

至於日本人為何如此慳吝？我想與日本的高物價有很大的關係。在餐館固然請不起，在家也不方便。他們多半居處狹隘，怕怠慢了客人。其實我發現我自己在日本住了一段時間後，也變得愈來愈小氣了，常為了省兩百日幣的公車票，提重物步行了二十分鐘。想當年在美國，我開最耗油的凱迪拉克轎車，加油還從不看油價的呢！可見環境真的是會改變一個人的思想。對日本人的小氣與其憎惡，不如寄予同情。聽說日本的房價太高，一個人窮其一生也付不完，現在居然還出現了「兩代貸款」的名目，可由父子兩代共同償還，一個人三十年，加起來一共六十年。一棟房子住了六十年後才能真正的屬於自己，想起來真令人搖頭嘆息。對他們的精打細算，也就覺得情有可原了。

古都中的京都美食

我每次讀川端康成的《古都》，除了沉醉於京都的風花雪月中之外，就覺得他一定也是位知味的美食家。《古都》提到許多京都的寺廟和節慶，主題是一對從小失散的姊妹花，長大後重逢相認的故事。中間穿插了「平安神宮」的時代祭，寫了枝椏紛垂、粉粉艷艷的倒垂櫻。也提到祇園祭，描繪了祇園藝妓那嬝娜的姿影。女主角千重子的父親太吉郎是一位布商，對吃特別講究。當他隱居在嵯峨野的比丘尼庵尋找設計西陣織腰帶

▲ 祇園的藝妓

▲左：川端康成愛吃的鯖魚壽司　右：倒垂櫻特寫

圖案的靈感時，千重子來看他，還特地帶了他愛吃的「森嘉」老店的湯豆腐。

京都的豆腐本來就有名，做得粉粉嫩嫩的，豆香撲鼻。還有一種叫「木棉」的老豆腐，做得較硬些。「湯豆腐」的素材用的大多是嫩豆腐，我曾在京都「哲學之道」上的一個無名小廟中品嚐過。那個小廟的庭園幽雅得很，餐桌就位於園中的露天涼台上，臨著一方池塘。塘中鳶尾處處，錦鯉四游。而「湯豆腐」就真的只是在熱湯中燙熟的嫩豆腐，頂多加點白菜、香菇調味，吃時再沾點京都特產的醬油，純是素菜，而且原湯原味。

京都料理本就以清淡聞名，而「湯豆腐」尤為清淡之最，口味重的人恐怕要吃不慣。我口味雖不重，但那天走了一早上的山路，中午只吃了幾塊豆腐和幾片菜葉子，不由得扒了兩大碗白飯，才覺得略有精神。奇怪的是那天下午我又爬了幾個小時的山，遍訪名剎古寺，竟覺身輕如燕，神采奕奕，才領悟素食者何以長壽的祕訣。肉食消化不易，耗費許多人體的能量。

如果改吃素，可省下這些精力多做點別的事，腸胃也會比較乾淨，百病不侵。從此我就成了豆腐的信徒。

京都豆腐當然源自中國，如今青出於藍而勝於藍，已有了不少的新發明。如老店「京豆腐藤野」除了以黃豆為原料之外，還研發了用丹波黑豆所製的黑豆腐和以豌豆製作的青豆腐，配料是京都名水和天然海鹽。京都嵯峨野的「湯豆腐」專賣店特多，「森嘉」老店就在嵯峨野，日本名作家司馬遼太郎在〈豆腐記〉（收在《日本之名隨筆五九》一書中）一文中也曾提到過。他認為「湯豆腐」是日本飲食文化的代表作，源自嵯峨野的妙智院，具有宗教上的原因。

另一名作家泉鏡花則認為「湯豆腐」如落花，如初雪，是只有中年人才能領略的滋味。我想這大概是因它形色雖美而味淡，只有飽經世事，自願由絢爛而歸於平淡的中年人才能欣賞的緣故吧！十幾年前我也曾在嵯峨野吃過豆腐大餐，當時我臨著桂川，在燠熱的夏風中大啖湯豆腐、燒豆腐和煮豆腐，只覺食之無味，真希望有盤紅燒肉來換換口味，可能是那時還太年輕。看來我必須再度造訪京都，再品嚐一次「湯豆腐」，重新領略它的滋味。

《古都》中還提到太吉郎愛吃鯛魚做的竹葉捲壽司：「伊萬里的瓷盤中盛滿了竹葉捲壽司，剝開包成三角形的竹葉，就可看到切成薄片的鯛魚。」伊萬里指的是由佐賀縣伊萬里港所輸出的瓷器，玲瓏剔透，盛著白中泛紅的鯛魚壽司，真是秀色可餐。

鯛是日本的名貴魚類，不但滋味鮮美，而且肉色晶瑩，乳白中透出淡淡的櫻色，在視覺上給人無窮的美感。日本人認為它是生魚片中的極品，而京都集日本文化之精華，當然更以它為生魚片之正宗了！鯛有白、紅、黃三個品種，關東人喜紅鯛，京都人則以白鯛為貴，並以鮮竹葉來包裹白鯛魚壽司，綠白相映，色澤清雅，質感高貴。這正是京都料理的特色，有時視覺效果還勝過食物本身的滋味：它是讓你用眼睛去欣賞，而不是用口舌去品嚐的。京都洛中的「西富家茶屋」甚至把綠柚子挖空，將柚皮緣刻成鋸齒狀，再盛入白鯛生魚片，飾以鵝黃的小雛菊和淺紫的萩花，也算是在造型上更上層樓了！

至於念念不忘肉味，想吃得又香又暖的人，京都「大市」老店所賣的鱉鍋是絕不會令你失望的：「千重子本已覺得全身暖和，加上幾分醉意，從面頰直到脖子都微微泛著紅潤，雪白而細膩光滑的脖子，染上色彩後更添柔美……她未曾沾一滴酒，但燒鱉鍋裡的湯汁卻有一半是酒。」

鱉就是甲魚，中國人喜歡吃栗子紅燒甲魚來進補，倒沒聽過用來做火鍋的。廣東人稱鱉為水魚，也拿它來煲湯，加上些淮山杞子，味頗鮮美。鱉肉厚而味腥，得懂得去腥，才能把它燒成令人食指大動的佳餚。「大市」的鱉鍋裡放了大量的酒，另外還得放薑，所以吃來不免全身發熱，是適合秋冬的補品。千重子吃鱉鍋，也是在京都的時代祭（每年十月底）之後。

鱉鍋價昂，每人份要兩萬日幣以上，但如今「大市」已由朝北野六番町搬遷至較熱鬧的上京區下長者町，似乎它的高價反為它增添了額外的魅力。東京荻窪也有一家叫「四葉」的鱉鍋專賣店，根據店主的形容：它的滋味「有如花開的那一瞬間」那麼的完美和令人驚豔。看來哪天我還得親自去品嚐一番，以驗證此話的真假。

▲ 京都料理特別富有視覺美感

雖然京都人頗以當地的美食自詡，但真正使京都出名的是穿而不是吃。從《古都》中的太吉郎和秀男（千重子的追求者），願意曠時廢日的為千重子設計和編織一條西陣織腰帶看來，就可窺其大概。日本俗諺有云：「穿倒在京都，吃倒在大阪」，京都人為穿而傾家盪產，大阪人卻為吃而散盡家財，這除了為京都人的好穿做了最佳註腳之外，也點出大阪才是日本的美食天堂。但口之於味，本來就不同於嗜，只要自己吃得高興就好了，何必管別人說啥？

東京與沖繩的新年

▲ 沖繩太鼓

我去年年底到加州矽谷的日本超市 Mitsuwa 買菜，發現人頭洶湧，生鮮食品大減價，還有各式配好的年菜拼盤應市，裝在大紅的漆盒裡，喜氣洋洋。我這才想起日本人快要過年了。

在「明治維新」前，他們事事向中國學習，過的是農曆年，是每年陰曆的一月一日。「明治維新」後他們開始向西方看齊，改過新曆年了，也就是陽曆一月一日。一元初始，萬象更新。我忍不住也買了一盒年菜拼盤和一些由秋田米所煮成的白飯，回家細品著那柴魚燜春筍、煮黑豆、佃煮魚乾、甜薯泥、煮香菇的滋味，配著粒粒晶瑩的白米飯，不禁回想起我們四年前在日本過年的往事，既甜蜜又酸楚。那時外子在東京上班，公司替我們在世田谷區租了一個四房兩廳的公寓，我們就暫時變成東京人了，一共住了兩年。日本人是個尚「靜」的民族，平時少言寡語，講話聲音也小。我平時欣賞他們的安靜，但過年時就有點不習慣了。比起中國人的過年，東京人過年實在太冷清了。既沒有鞭炮，沒有舞龍舞獅；也沒有山珍海味、杯籌交錯。那種肅穆冷寂，令我備覺漂泊異鄉的寂寞。

▲ 東京的新年裝飾

東京人通常在除夕夜全家一起吃頓蕎麥冷麵（源自中國唐代的「冷淘」），然後坐在客廳看NHK電視上的紅白歌星對抗大賽，就算是守歲了。大年初一全家再穿戴整齊，到神社去祈福許願，就算是過年了。新年期間不舉炊，吃的就是預先做好或從超市買來的年菜，有魚有蝦有菜有飯，甚至有龍蝦、鮑魚，但樣樣都是冷的。據說日本家庭主婦準備這些年菜時，還要在灶前奔忙好幾天呢！

▲ 東京人吃蕎麥麵當年夜飯

日本人吃年菜時遵守古風絕不吃肉，吃肉是「明治維新」後才傳來的西洋習俗，是違反日本傳統的。我常在想他們這種過年不吃肉的古風是否也傳自大唐，是中國正統中原文化的遺俗。至於我們這些老中，在經歷了五代十國、宋元明清的各種戰亂與異族統治後，早吃起了「滿漢全席」，連駝峰熊掌都搬上了餐桌，過年吃點豬牛肉，又有什麼大不了的呢！

台灣人的年夜飯，往往是一年中最豐富的一頓飯。雞鴨魚肉排滿一桌，香腸臘肉早在臘月時就一一備辦齊全了。新年期間還有年糕和年夜飯剩菜可吃，記得我家早餐吃煎蘿蔔糕，午晚餐總有一大鍋筍乾燉扣肉侍候，由初一吃到初五，愈燉愈香。除夕領完壓歲錢後，通常爸爸和叔叔打麻將，我和妹妹、堂弟擲骰子守歲。午夜十二點整爸爸準時點燃鞭炮，那時只聞四處鞭炮聲此起彼落，原來家家戶戶都在進行同樣的儀式，令人打從心窩裡暖起來：「爆竹一聲除舊歲，桃符萬戶迎新春」。「年」這頭猙獰的怪獸，就如此在隆隆炮聲中被我們給驅逐出人間了。

　東京過年除了肅穆冷清外，最難忍的是生活的不便。有一年我們在上海渡聖誕，和朋友去申粵軒、鷺鷺酒家吃毛蟹炒年糕、醃篤鮮，去徐家匯逛美羅城、港匯廣場、SOGO太平洋百貨公司，還去百樂門跳

▲天婦羅、蕎麥麵

舞跳到三更半夜，極盡狂歡之能事。但除夕下午一飛回東京就發現大事不妙：幾乎所有超市、百貨公司、糕餅坊、餐館、小吃店都關門了，我們的冰箱空空如也。我們飢乏交迫的在大街小巷搜尋，好不容易發現有一家小雜貨店尚未打烊，欣喜若狂的買了牛奶、麵包、雞蛋、火腿、豆腐，又在冰箱一角找到半顆乾扁的白菜。年夜飯除了火腿炒蛋外，我們很幸運的有熱騰騰的白菜豆腐湯充飢，總算比蕎麥冷麵滋潤得多了。

　我們正月初一起了個大早，又吃了一頓火腿炒蛋，然後學日本人到明治神宮「初

▲ 明治神宮的年景

詣」，乘興而去，敗興而返。一走近「鳥居」就看到人山人海，參拜的隊伍繞了好幾大圈。我們在寒風中勉為其難的站了兩小時，好不容易擠到神壇前。明治神宮是黑白兩色的建築，有大唐宮殿的遺韻，莊嚴有餘，熱鬧不足。神宮前什麼也沒有，既無祭司，也無祭典，更無舞龍舞獅，只有一個張著大口的賽錢箱等著我們捐錢。我們意興闌珊的丟進了幾百日幣，裝模作樣的拜了幾下，就準備走人了。歸途中肚子餓得很，大部分的餐館仍不營業，只好在路邊攤買了些日本炒麵、上海生煎包，暫時填飽肚子。

第二年我們決定逃離東京的冷寂，去沖繩過年。沖繩群島舊稱「琉球王國」，是日本最南端的島嶼，在明清兩代都是

▲ 東京人排隊參拜明治神宮

中國的屬地，十九世紀末期才歸日本所有。有些日本人至今還認為沖繩不是日本，是外國。沖繩的首府那霸市有一座著名的中式園林「福州園」，明清時代琉球派使節到中國進貢，都是先搭船到福州休息一陣子，再走陸路到北京，文化上自然深受福州影響。

如今沖繩的住屋頂上都立著一尊小石獅子，依稀是閩式民居的模樣。據說在金門、馬祖還常看到，反而在台灣和中國大陸已經看不到了。在地理上沖繩群島因接近台灣，四季如春，菜餚的食材和滋味都像台菜。沖繩人像台灣人一樣吃豬腳、豬耳朵、扣肉、苦瓜、豆腐乳。沖繩拉麵的麵條口感，簡直是台灣意麵的翻版，湯頭也跟台灣什錦麵一樣濃郁鮮甜，令人嘖嘖稱奇。

我們在沖繩過年，頗有回家的感覺。首

▲ 四竹舞

里城是琉球王國的故都，昔日的宮廷在戰時被美軍炸毀，只有城門「大慶門」保存完好，已被列為世界文化遺產。戰後他們派人考察了北京紫禁城，將「首里故宮」重建得煥然一新，紅紅綠綠的好不金碧輝煌，依稀是明清故宮的模樣，殿前還有群臣站班，濃濃的中國味裡帶著些東洋情調。

過年時首里城裡有宮廷歌舞「四竹舞」、「松竹梅」等表演，舞者鮮艷的服裝依稀是明代衣冠，又織著日式的菊花圖案，形成奇妙的組合。最令人驚喜的是有獅子舞表演，獅子有烏黑的巨頭，披著大紅的鬃毛，在太鼓聲中不住的跳躍舞動，充滿了喜感。我不禁感慨：日本文化受中國影響何其深遠！東京具大唐風範，沖繩有明清色彩，是兩個完全不一樣的日本。我又何其有幸，能親自一一加以見證！

當晚我們在那霸市的居酒屋吃我們的新年大餐。菜色中有燉得入口即化的滷豬腳、香噴噴的紅燒扣肉、清脆的炒苦瓜、香甜的豆腐乳等名菜，並聽到現場琉球民歌演唱。

有首台灣歌手周華健演唱的流行歌曲〈花心〉，高亢委婉動聽，我原以為是台灣歌，那天才知道是沖繩民謠，最早是由當地歌星安室奈美惠唱紅的。

次日我們到「琉球村」去玩，又看到獅子舞和太鼓表演，雪白的獅子在舞台上四處舞動，迎來了新春。幾個壯男不住的捶著朱紅的太鼓，矯捷而充滿活力，那就是著名的「沖繩太鼓」了，亦自中國傳來。在咚咚的鼓聲中，我不由得深深感動著：這才是過年！這才是人生！去它的蕎麥冷麵，去它的東京明治神宮，我還是熱熱鬧鬧的在沖繩過年吧！

▲ 沖繩獅舞

北海道風情畫

▲ 鐘塔是札幌的標幟

我從小就嚮往著北海道。亞熱帶的台灣蕉風椰雨，潮濕炎熱，那地窄人稠的擠迫感，不時讓我嚮往著那一望無際的北國大地。我愛上了三浦綾子小說中所描寫的金黃的白樺、皚皚的白雪、呼呼的吹個不停的北風，和風雪中戴著一頂小紅帽，每天喝牛奶，臉蛋兒像蘋果一樣的少女。

十年前因外子工作上的需要，我們移居日本一年，住在橫濱。時值二月，橫濱每天下著毛毛細雨，刮著冰冷的海風，電視上的札幌總是下著雪，風雪迷迭，什麼也看不清。我卻早買好了新幹線的車票，準備在和暖的夏日一遊北海道。經過幾個月的等待，我們終於在六月初成行，由橫濱到「北海道的門戶」函館，足足搭了十小時的火車。那時的新幹線只到日本東北的盛岡，由盛崗再轉搭特快車到產蘋果的青森市，然後再由青森搭「海峽號」快車，經由「青函海底隧道」渡過津輕海峽，抵達對岸的函館。

日本關東的東京、橫濱一帶人口稠密，房屋擁擠狹隘，有時悶得讓人透不過氣來。過了東北的青森、盛岡後，開始感到人煙稀少，並看到一大片一大片的針葉林，地貌逐漸的美麗起來。在穿過全長五三點八五公里，位於海平面下兩百四十公尺的「青函隧道」一時，每個人都興奮得很，不時摒息靜氣想要去傾聽海浪的濤聲，或用手去摸窗子，想去看那上面是否凝結著水氣，結果當然是失望的。

當列車長宣布火車終於鑽出隧道，踏上北海道的土地時，大夥兒都不禁歡呼起來。只見那地貌馬上變成不同了：一大片一大片盛開著五色雜花的原野，一座座覆蓋著松樹和白樺的山崗，偶而還穿插著一戶紅瓦白牆，甚至有著圓形穀倉的農家，幾乎不像是日本，而像加拿大了，卻又比加拿大多了幾分靈秀之氣。這就是我朝思暮想的北海道了！我的心因興奮而跳動得十分劇烈，居然有著近鄉情怯的感覺，或許我的前世便是一位生長在北海道的少女，否則為何對這一切覺得如此的熟悉？

函館車站前有著一座「北海道第一步之地碑」的銅塑，我央求外子在那裡為我拍了一張相，證實我已經真的到了北海道。時值初夏，橫濱每天都在攝氏三十五度左右徘徊，函館卻是涼颼颼的，只有攝氏十五度左右。我們搭市內電纜車去預訂的旅館，燈火黃昏，一群群小學生下課了，他們果然有著鮮紅色的雙頰，身高也比一般的日本學童要高一些，五官輪廓也深刻得多，可愛極了！

在旅館沐浴後，我們便出去逛函館市。遊完了函館公園，走在荒涼無人的函館舊街道上，望著對面函館山上明滅的燈火，很難不令人想起三浦綾子的《綿羊山》。書中的女主角奈美美麗勇敢，在札幌一個幸福的牧師家庭長大，卻因愛上了一個浪子，隨他私奔到了函館，就住在函館山下的蓬萊町。她幾次絕望的在這條路上徘徊，心中充塞著遇人不淑的悲哀。在那一剎那中，我覺得幾乎可以聽到她的呼吸。

往函館山的半路上，有一家歷史悠久的「五島軒本店」，創立於明治十二年，是函館最古老的法國餐館，所製造的世界各國的咖哩粉也很有名，計有泰國、印度、馬來西亞、英國、印尼等口味，包裝精美，令人恨不得一一品嚐。我們點了咖哩鴨套餐。咖哩很香，鴨肉也很嫩，分量卻少了一點，只好又補了一塊起士蛋糕。蛋糕奶香濃郁，細滑甘美，正是由正宗的北海道牛奶所製作的。

北海道地廣人稀，到處是青翠的牧場，牧場裡倘佯著慵懶的牛羊，所產的牛奶乳脂高達百分之十。大街上常看到賣冰鎮鮮奶的，玩累了買瓶鮮奶喝，清涼解渴又提神醒腦，真是最好的飲料。函館從十九世紀中期起便與西洋各國開港通商，基督教和東正教也因而傳入，如今市內還高聳著建築優美的天主教和東正教教堂，洋溢著濃厚的異國風情。由於這些西洋宗教的影響，北海道的食品也有西化的傾向，除了愛喝牛奶外，乳酪、牛奶糖及冰淇淋等乳製品的製造業也很發達。札幌電車站前的「雪印乳業直營店」所賣的冰淇淋，據說乳脂高達百分之十六，雖然味美，卻也夠讓血脂高的人裹足不前了。

▲三種北海道螃蟹

不過函館靠海，當地人的飲食仍以海鮮為主。我們第二天起了一個大早，特地去逛函館的朝市。它就在函館電車站附近，在一座有著高頂的大建築裡擺滿了小攤子，攤前都有人在吆喝招攬生意，熱鬧極了。每個魚攤子上都放著一隻隻煮好的大毛蟹，每隻都要數千元日幣以上。有些店家將它切成小塊，供人免費試吃。我嚐了幾塊，覺得滋味平凡，並未購買。此外，鹽漬的鮭魚、海膽和明太子也很常見，都是北海道的名產。

賣蔬菜的擔子上擺的則是夕張的哈密瓜，和北海道特產的馬鈴薯和玉米。哈密瓜每個也要三千五百日圓以上，價格依大小而定，據說是日本品質最好的哈密瓜。夕張市在札幌的東邊，離札幌有一個小時的車程。市內蓋了一座城堡式的美侖美奐的「哈密瓜城」，釀造並販賣有名的哈密瓜酒，想必滋味甘甜醉人吧！

那天中午在函館電車站附近，飽餐了一頓海鮮拉麵。這可說是我所吃過的配料最豐富的海鮮麵了，舉凡蝦、蛤蜊、小捲、海膽、毛蟹、甜玉米等無所不包。最難得的是湯清如水，卻又鮮透齒頰，這是在日本其他地方所吃不到的。下午遊覽了明治館、函館文學館之後，晚上又到一家「北海活魚料理店」報到。那家店其實是一家居酒屋，店門口放了一個長方形魚缸，缸裡是一隻隻生猛的烏賊，鬚足虬曲怒張，張牙舞爪的向你游過來，有趣得很。這家店的特色就是：所有的素材都是北海道所產的活魚。每條魚都是活的，價格不菲。我們特地坐在壽司吧台上，看大師傅殺魚捏壽司。侍者招待熱情誠懇，純是一派純樸的北國風味。我們點了烏賊和鰺魚刺身、什錦海鮮天婦羅、鮭魚壽司和蛤蜊味噌湯，每樣的分量都很少，滋味鮮美絕倫，但吃完了只有六分飽，只好再各自點了一碗白飯，就著黃蘿蔔乾充飢。結帳時發現我們吃掉了一萬日幣，夠吃好幾頓拉麵了。

函館還有一道名食叫「函館巴丼」，就是放滿了蟹肉、鮭魚卵和海膽的蓋飯，是最道地的北國生鮮料理，可惜我們次日就搭著「北斗號」上札幌去了而失之交臂。比起函館來，札幌又是另一番風情。札幌不靠海，城市規劃得像棋盤一樣，很有大城的氣派。東西向的街道都是叫北一條、北二條或南一條，南北的街道則叫東一丁目、東二丁目或西一

▲鮮美的生魚片蓋飯

丁目、西二丁目，找起路來很方便，例如「北八東三」，指的就是北八條和東三丁目的交界點，簡單明瞭。

三浦綾子說札幌是一個紫丁香的城市，「北海道大學附屬植物園」有成片的紫丁香樹林，大通公園裡也有一些。六月正是紫丁香盛開的時候，那濃濃的紫和粉粉的白，遠看就像一幅濃淡有致的水彩畫，並飄散著悅人的芳香，將這個北國城市渲染得詩情畫意。大街上常可看到叫賣煮馬鈴薯和甜玉米的擔子，將馬鈴薯從中剖開，放進一塊奶油，自然溶化並融入馬鈴薯中；或將煮熟的甜玉米抹上一層奶油，便是札幌人日常的點心了。玉米的清香味兒勾起了我甜美的童年回憶，忍不住要買一根來嚐嚐，尤其是在逛大通公園的時候。長方形的大通公園佔地很大，冬天是雪祭的舞台，初夏時開滿了淡紫的紫丁香和鵝黃的堇花。吸一口紫丁香的芬芳，咬一口甜甜的玉米，沐浴在北海道淡金色的陽光下——啊！我想我永遠忘不了那個感覺。

札幌不靠海不產海鮮，又因紛至沓來的西洋傳教士的影響，流行吃牛羊肉和奶製品。北海道的子羊排是有名的，香嫩多汁而無羶味。十勝平原除了產大納言小豆外，也出產肉質優良的「十勝牛」。札幌的「十勝西餐廳」專賣十勝牛排，一客五千日幣，只有兩百五十公克重，約合五點五盎司，只夠給胃口大的美國人塞牙縫。美國的牛排館最小的牛排也有八盎司重，是給女人吃的，男人則至少要十二或十六盎司的才夠飽，難怪日本人都長得那麼袖珍。

我們在札幌只有一天的行程，遊覽了時計台、植物園、北海道舊廳舍、大通公園，並逛了狸小路市場之後，就再也沒有時間去參觀位於郊外的札幌啤酒廠了。想到第二天就要打道回府，心中不禁有無限的依依之情。我真希望學那位北海道的漂泊詩人石川啄木（明治時代人，著有《啄木歌集》、《啄木日記》），自己一個人漫遊北海道，到小樽探訪石原裕次郎的故鄉，旭川去看《冰點》的舞台，釧路去看丹頂鶴，稚內的層雲峽去眺望鄂霍次克海，或甚至到富良野去欣賞那成片的薰衣草花園。北海道的天地是那麼廣闊，要有幾個月的時間才能窺其全貌。只看過函館和札幌，不過是以管窺豹而已。

所幸我的行囊中裝滿了北海道的特產：函館的魷魚乾和起士蛋糕，夕張的哈密瓜糖和札幌的藍莓果醬，夠我回家好好的回味一番了，我的一位美國朋友 Terry 總說：「去一個地方玩最好留點東西，留待後日再回去探訪一番。」這大概是中國人所說：「食必八分，玩無盡興」的意思，旅遊才會有無窮盡的餘興。「花未全開月未圓」的滋味總最令人低迴，你說是嗎？

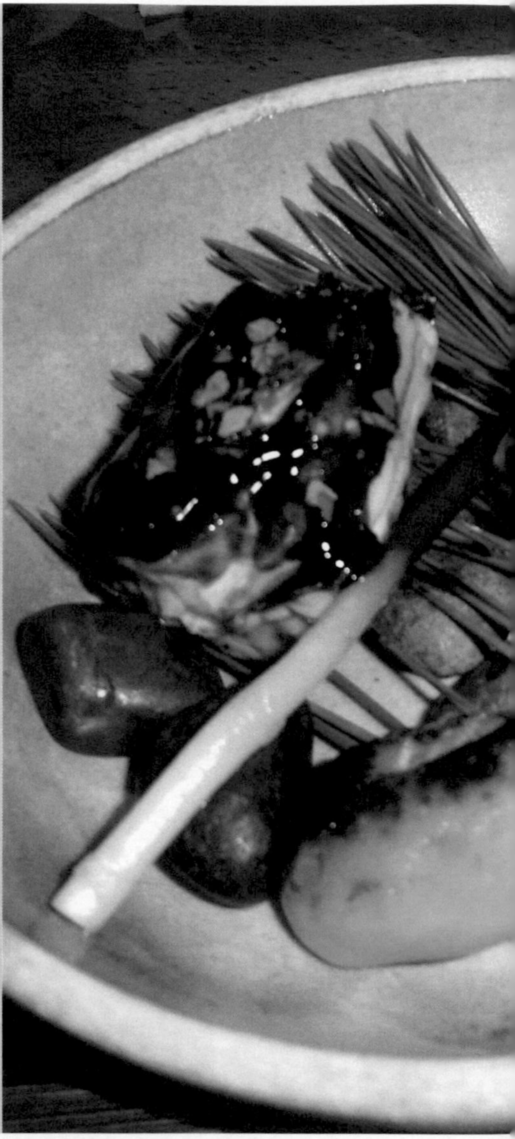
▲ 烤河豚

下關吃河豚

竹外桃花三兩枝，春江水暖鴨先知，
蔞蒿滿地蘆芽短，正是河豚欲上時。

——蘇東坡〈惠崇春江曉景〉

聽說蘇東坡最喜歡吃河豚，當他謫居常州的時候，有一次受邀至民家吃河豚，他吃完後的評語是：「據其味，真是消得一死。」翻成現代白話，意思就是說：「這麼好吃的東西，就是被毒死也值得。」當時我看了這段掌故，就對河豚充滿了嚮往之情，無奈當時台灣和美國都找不到半家河豚店，只好暗自希望有一天能去日本一償宿願。

誰知有一天真的到了日本時，一方面震驚於河豚價格之昂貴，另一方面畏懼於毒性之強，雖在橫濱住了一年，從來不敢輕易嘗試。在東京的上野公園裡有一座紀念碑，紀念的不是什麼烈士或國家英雄，而全是一些吃了河豚枉送性命的老饕。原來當河豚在每年四月間產卵時，卵巢及肝臟皆含劇毒。這種毒名叫河豚酸，無色、無味、無臭，但其毒性約為氰酸鉀（砒霜）毒的十三倍。一個體重五十公斤的人，只要吃了零點五毫克的河豚酸，就足以一命嗚呼，命喪黃泉。而一隻河豚的毒量足以令三十個人昏睡，真是太恐怖了！

何況河豚的價格之昂貴，已經到了令人咋舌的地步。在餐館中一盤排成菊花圖案，切得飛薄如紙的河豚生魚片，動輒索價一萬日幣（約合一百美元）。超級市場的價格較公道，但也不便宜。我曾在橫濱崇光（SOGO）百貨公司的地下生鮮市場，看到一盤只有二十片，薄得透明的河豚生魚片，索價兩千七百日幣（約二十七美元），平均每片要一點三五美金，用同樣的價格，在美國已夠買一個漢堡來充飢了。看來要想被毒死，還得口袋裡「麥克麥克」才行。於是我那對河豚的嚮往之情，就如此無情的被斲喪了！

沒想到前年十一月間重遊日本，竟在下關吃到了物美價廉的河豚，而且也沒有被毒死。下關（Shimonoseki）位於日本本州的最南端，隔關門海峽（屬瀨戶內海）與九州的門司港遙遙相望。由於獨特的地理位置，盛產河豚，是日本河豚批發的集散地，價格最便宜。河豚季節時，當地的魚市場每逢週一到週六一大早開市，只見生猛的河豚滿地翻滾，像代宰的羔羊，等著由全國各地趕來的商人出價承購，帶回去祭食客的五臟廟。

我們之所以選擇在下關停留一天，除了想參觀李鴻章路和「日清講和紀念館」（中日甲午戰爭後簽訂《馬關條約》的地方）外，就是決定要「拼死吃河豚」。當晚觀光既畢，腹如雷鳴，出門便找尋合意的河豚餐館，一路上除了感嘆當年李鴻章先生年老體衰，還得飄洋過海到日本這個小海港來受辱之外，也奇怪為什麼日本政府那時要選在這個小地方簽約？是否也想請他老人家吃河豚，黃鼠狼給雞拜年，不懷好意。要不是他挨了日本的極右派份子一槍，《馬關條約》的內容可能更為屈辱。不過這些史實都已事過境遷，春夢了無痕，那一刻對我們最重要的，是趕快飽餐一頓河豚，以償平生之夙願。

下關電車站前的豐前田町及細江町餐館林立，全是以河豚料理為號召的。每家的定價不一，整套的河豚套餐，最豪華的是日幣一萬多，中等的大概日幣五、六千，我們都嫌貴。在大街上晃了半天，無意中拐入一條小巷，卻發現有一家小小的家庭式居酒屋（相當於台灣的啤酒屋），所賣的迷你河豚套餐相當廉宜，其中包括河豚生魚片、河豚

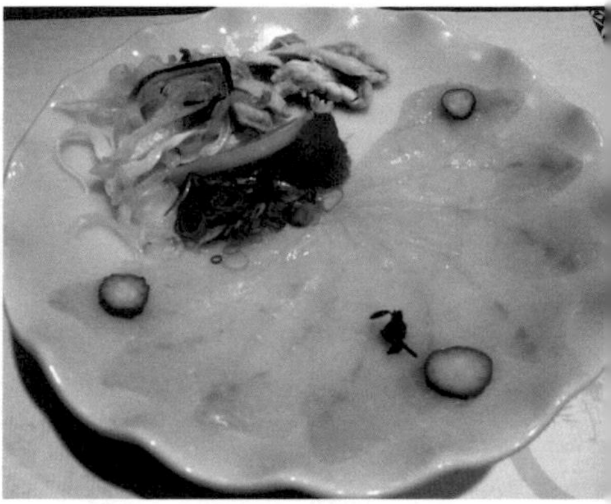

▲左：河豚做成的豆腐　右：薄而透明的河豚生魚片

天婦羅、河豚豆腐、河豚味噌湯及白飯，才索價三千日幣，當下我倆欣喜若狂，也顧不得查看有無懸掛河豚宰殺執照，馬上連袂而入，準備大快朵頤。

菜是一道道按次序上的。先上河豚生魚片，一盤約有十片，每片雪白通透，沾料是蔥薑末，澆以少許醬油，以保存河豚之原味，而不用一般生魚片所沾用的綠芥末醬。我先吃了一片，入口鮮嫩爽滑而無魚腥味，十分欣賞。唯一的遺憾是分量太少，才剛領略箇中滋味就已告罄，外子則覺得不如鮪魚肥嫩甘甜。第二道菜是河豚天婦羅，是一塊塊沾了粉連骨頭炸成金黃的河豚肉塊。煮熟的河豚肉質較硬，因為幾乎是純蛋白質，不含任何脂肪，滋味則類似蛇肉或田雞肉，也很不錯。

第三道則是河豚豆腐，可說是其中最精采

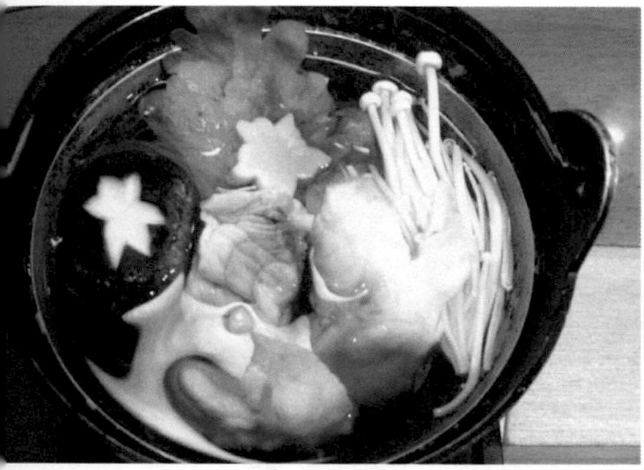

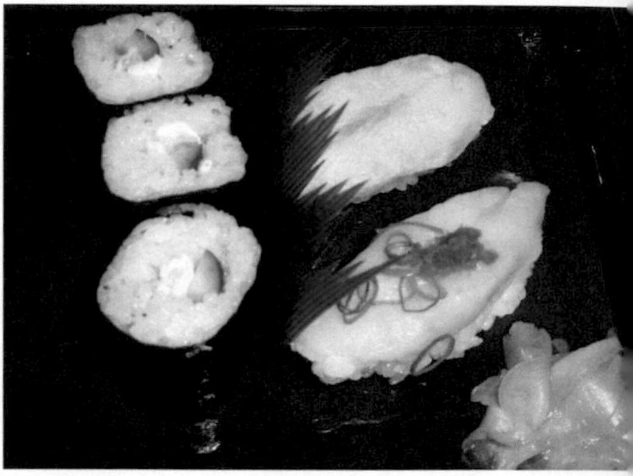

▲ 左：河豚火鍋　右：河豚壽司

的一道菜了。日本人本來就善製豆腐，除了原本由中國傳入的用黃豆做的豆腐外，又發明了玉子（蛋）豆腐、胡麻豆腐、花生豆腐、玉米豆腐等。做法不外是用蛋、芝麻、玉子、花生等代替黃豆，打磨成漿，再點成豆腐。如今這個河豚豆腐亦不例外，係將河豚肉絞成漿狀，加入水再使之凝結成豆腐，魚肉等精華盡在其中，其鮮美可想而知。何況質地細嫩而有彈性，入口滑嫩中還帶點咬勁，口感很好，令人耳目一新。最後一道菜是河豚味噌湯，顧名思義，是將河豚加入味噌湯中合煮。別緻而具巧思的是：以茼蒿及切碎的柚皮調味，湯味清鮮中散發著柑橘等芳香，非常有美感。

我吃得興高采烈，外子則抱怨沒吃飽。還好此居酒屋還賣以九州地雞（土雞）為原料製成的日式炸雞和其他小菜，我只好又幫他點了幾道菜。他閣下連嗑兩大碗白飯，佐以清酒一瓶，才告酒醉飯飽。付帳時我稱讚了一下大廚的手藝，他高興之餘，送了我們兩片烤乾的河豚鰭當禮物，並告知若將其浸入溫熱的清酒中，會使清酒更加美味。我們姑妄聽之，不過回美國後還是鄭重收藏著那兩片不起眼的河豚鰭，以做為下關吃河豚的紀念。

出了居酒屋後，我們才想起剛才忘了問大廚有無河豚割烹執照，不禁心裡有點發毛。還好我倆手腳末梢皆無麻痺之感（河豚毒發作的徵兆），而且聽說河豚毒發作只需十五分鐘，當時距離吃第一塊河豚已至少有一個鐘頭之久。何況那時是十一月，並不是河豚產卵的時候，其肉應不含毒……。我們就這樣神經兮兮不停的自我安慰，一直到次日清晨起來平安無事，才放下一顆忐忑不安的心。

最後的結論是：我覺得河豚肉雖然鮮美，但絕對沒有美到值得被毒死的地步，東坡居士所言不無誇大之嫌。有兩種人是絕對不適合吃河豚的，一種是捨不得花錢的，另一種是食量大的。口之於味，本來就不同於嗜，在某些人的心目中，一頓豪華的河豚晚餐，說不定還比不上一碗紅燒牛肉麵來得適口充腸呢！

拉麵之戀

我在日本住了幾年，最難忘的大概就是街頭巷尾的拉麵館了。日本的物價奇貴，生魚片、壽司、天婦羅、鰻魚飯等都屬於高檔的食物，不是每個人每天可以吃得起的。只有拉麵物美價廉，老少咸宜，遂成為大眾的寵兒。一碗麵的價格大約在四百到一千五百日幣（約四至十五美元）之間，最便宜的是四百日幣的陽春拉麵，最貴的可能是北海道的海鮮拉麵了，但價格也不超過一千五百日幣。

▲ 北海道的叉燒拉麵

拉麵館在日本的普及性不下於台北的牛肉麵館，常可見到店內擠滿了西裝革履的上班族，或坐或立，人手一碗，唏哩呼嚕的吃得滿頭大汗，十分過癮。裝拉麵的海碗特大，日本人又習慣喝湯不用湯匙，要端起來喝得嘶嘶作響才表示好吃。所以拉麵館總是萬頭攢動，怪聲四作，是觀察日本眾生相最好的地方。

想當初我也曾是其中的一員。我最喜歡橫濱某家以喜多方（屬福島縣）口味為號召的拉麵館，那裡的青蔥拉麵一碗才六百五十日圓，內有叉燒豬肉十大塊，筍乾若干，切碎的青蔥無數。加辣，湯味香辣腴美。我在那附近的國際學校上日文課，每上完兩個小時的課後昏頭轉向，總要到那裡補給一番，才不覺得元氣大傷。

日本人甚至在新橫濱（橫濱附近）成立了「拉麵博物館」，以表示他們對拉麵的熱愛。依據館內的資料，日本的拉麵源自中國，是明末的大儒朱舜水東渡日本時順便帶來的，至今有三百多年的歷史了。「拉麵」顧名思義就是手拉麵，純粹以手工製作。日本電視上常舉辦「拉麵大對決」，請來當地著名的大廚師，好幾個人一起比賽誰拉麵做得好、做得快。通常以十分鐘為限，每位大廚要從和麵、揉麵做起，一直到拉成麵條，並當場下鍋。做的麵條最多、麵質最好的就是第一名，可領鉅額獎金，並藉此為他們的拉麵店做宣傳。我常覺得台灣也應該如法炮製一番，以發揚國粹，並順便增進一下我們的口福。

拉麵最重要的其實是麵湯，麵條跟配料只能算是配角。如果你看過一部叫《蒲公英》（Tampopo）的日本電影，那一定可以體會到拉麵湯的重要性了。通常每家拉麵館都有自己熬高湯的祕訣，屬於高度商業機密，湯裡的配方及比例是外人無法知道的。女主角蒲公英女士開的拉麵館就是因為麵湯不靚，門可羅雀，她才不得不降志辱身，深夜去偷窺別家拉麵館的熬湯過程，並一再努力練習，才得以鹹魚翻身，變成大富婆的。所謂的「治大國如烹小鮮」，飲食之道大矣！

經過了三百多年的演變，如今日本拉麵的滋味早已跟中國湯麵的滋味大不相同。除了麵湯是以豬骨、雞、魚乾、蔬菜等熬製外，麵料也大多只用叉燒豬肉（和廣東的叉燒肉不同）、筍乾、海帶嫩芽、玉米粒、綠豆芽搭配，不像中國麵那麼多彩多姿，擔仔麵、牛肉麵、排骨麵、大滷麵、雪菜肉絲麵等一應俱全，粗麵、細麵任君選擇。但拉麵仍有它特殊的風味，不是中國麵可以取代的。

「拉麵博物館」把日本的拉麵依口味分成四大類：橫濱、喜多方、博多、札幌。橫濱拉麵發源於中華街，最接近中國麵的風味。叉燒肉特厚，紅燒得十分香醇，以橫濱電車站內的「聘珍樓」最為道地。每次我跟外子由外地倦遊歸來，經過橫濱電車站，總要去品嚐一番，安慰一下旅途中失調的腸胃。博多又名福岡，是北九州的大城，當地拉麵以豬骨熬成的濃白高湯為號召，麵則細軟潔白，上灑白芝麻，佐以紅鹹菜，滋味很特別。有一回我們到長崎去玩，途中在博多轉車，只停留三十分鐘，我們竟也趕場似的在車站地下飲食街內匆匆飽餐了一頓博多拉麵，如今回想起來仍覺得痛快淋漓。

札幌的拉麵則是我的最愛。札幌是北海道第一大城。當地拉麵以麵湯濃郁、麵條粗韌有勁見長。口味則有鹽、醬油、味噌三種。通常以北海道特製的粗陶海碗盛奉，洋溢著粗獷的北國氣息。北海道因地廣人稀，農、漁產豐富，當地的海鮮拉麵可說是一絕。配料除了蝦、烏賊、蛤蜊等海產外，並有北海道毛蟹一大塊、新鮮海膽若干（下墊以紫菜）、甜玉米一段，吃得讓人不知今世何世，嘆世間何物竟有如此美味。至於前文已提過的喜多方拉麵，雖然滋味甚美，我倒也說不出有何特色，在日本的普遍性似乎也不如其他三種拉麵，在此就不另外介紹了。

回到加州後，我似乎還沒有吃過一碗合意的拉麵。加州的日本餐館雖多，賣拉麵的卻少，即使有也是形似實非。只有舊金山日本城內的拉麵，口味庶乎近之，但還是差那麼一點。我雖然還是一樣愛吃牛肉麵、排骨麵及大滷麵，但少了拉麵，總覺得人生少了那麼一點什麼。這大概說明了環境對人類的影響，也證明了日本拉麵的物美價廉吧！

扶桑買米記

鋤禾日當午，汗滴禾下土，
誰知盤中飧，粒粒皆辛苦。
——李紳

話説一九九四年二月，我和外子興沖沖的從加州西渡日本，準備要定居一年。那時

▲形形色色的米

▲ 加州的國寶米是日本米的子孫

想到日後都可品嚐日本料理，不免雀躍萬分。誰知第一天搬入橫濱那租來的公寓，卻面臨無米可炊的窘境。為什麼呢？請聽我一一道來。

原來一九九三年日本遭逢了一個前所未有的冷夏，稻米歉收。加上商人囤積，日本人又挑嘴，非國產米不吃，日本米的價格遂被哄抬到天價。而且，市面上還缺貨，要靠關係才買得到。那時我的鄰居金太太來自台灣，已住了一年，每個月有固定的米商送米到府，每十公斤一萬日幣（當時一塊美金約可兌一百日幣，一萬日幣就是美金一百元）。她直說便宜，我卻不敢恭維。想想看：加州一包二十磅（約九公斤）的國寶米，才賣九塊美金呢！

於是，我們出門四處尋米，先上當地的西式超級市場看看。結果不要說日本米啦，連日人一向不屑一顧的泰國米都缺貨。那個原來應該是放米的櫥架上空空如也，市場上的服務人員連連鞠躬致歉，請我們過幾天後再來光顧。

我還是不死心，下一個目標指向老式的米店。在橫濱的山手町（外國人的集中地）

有一家這樣的商店。我們頂著寒風，走過彎彎曲曲像迷宮一樣的小巷，好不容易才找到那家店，卻發現它早已關門，門上還貼著一張告示，意思是說店中已無存米，所以暫停營業。我差點流下淚來，在無法可想之下，只好先上菜市場買了幾把烏龍麵，暫時聊以充飢。

次日，我向公寓的經理北村先生哭訴。他非常同情，主動說要替我們想辦法，但要等幾天才會有消息。我們心中略寬，但遠水救不了近火，這幾天的三餐要如何解決呢？附近的中華街早被我們視為拒絕往來戶，因為它一盤青椒炒牛肉絲就要一千八百日幣（十八美元），白飯一碗也要三百日幣（三美元），簡直吃人不吐骨頭。後來外子靈機一動，想到他上班公司的員工餐廳內，白飯一碗才一百日幣，為什麼不在每天中午吃午餐時多叫兩碗，帶回家當晚餐呢？心動不如行動，於是他第二天馬上帶了一個空便當盒到公司去裝飯，下班後再搭一小時的電車，像寶貝一樣的把它捧回來。當晚我們一小口一小口的吃著那得來不易的白飯，心裡覺得非常的幸福。

幾天後，好心的北村先生終於送來一包五公斤重的泰國米，告以市價兩千多日幣，是他託了好幾個得力的朋友才買到的。我付了錢後，愁眉苦臉的看著那一包泰國米，不知該如何下嚥。我從小吃慣了軟糯的台灣蓬萊米，對這種硬梆梆的泰國米素無好感，也不知如何烹煮。百無聊賴中打開電視，誰知NHK電台的「今日料理」節目，居然正在示範如何將泰國米煮成美味的西班牙海鮮飯和匈牙利牛肉飯。我不禁發出會心的微笑：看來和我有同樣煩惱的人還不少呢！

據報導，當時許多日本人都買不到國產米，只好以泰國米果腹。而日本政府為了讓每個人都有吃到國產米的機會，已實行強迫配銷制度。那就是說：買的到國產米的人，同時也須購買若干泰國米，以示公平。因此每個人都有吃到泰國米的機會，不管你喜不喜歡。然而，聽說有些日本人仍拒吃泰國米，被迫買回家後，竟把它當垃圾丟掉，寧願白花錢也不願意嘗試。所以電視台才會苦口婆心的製作這一類的電視節目，希望能勸世儆俗，以匡正時弊。

▲ 生魚壽司用的是日本國產水晶米

說到日本人對吃的講究，比起中國人尤有過之。以米為例，不但一定要吃國產米，而且還講究產地，以新瀉米、秋田米為尚。以時序而言，則講究吃新米（剛收割的稻米）。每年秋天新米一上市，馬上被一搶而空，如今竟淪落到要吃泰國米的地步，怎不令他們悲痛欲絕呢？後來日本政府為了改善現況，便開放美國加州米進口。照說加州米是日本人從日本帶來加州培植的，滋味和日本米應相差不遠。但日本人硬說它難吃，和國產米無法相比，日本政府也束手無策。哪像我們，吃泰國米吃了幾天後，一想到加州米就垂涎三尺，無奈人生地不熟，有錢還是買不到。絕望之餘差點要託加州的友人替我郵寄一包米來。那時也打過台灣的主意，想到台灣的蓬萊米比泰國米好吃多了，價格又便宜，為什麼不請老媽郵寄一包過來呢？正要付諸行動時，沒想到救星居然出現了。

那時，我的一位表姑丈在東京附近的美軍基地擔任工程師。有一天，表姑致電告以他們基地內的PX商店有加州國寶米出售，每包才美金八元，是市價的九分之一，並很慷慨的表示願意代為購買。我聽了感激涕零，第二天馬上搭了一個半小時的巴士和電車去找她。她開車來車站接我，兩人直奔PX商店，買了一大包國寶米和一大堆其他在日本很貴的美國物資，如啤酒、罐頭雞湯、加州臍橙等，才回她家休息。略事喘息後，突然想到一個新的問題：這些東西這麼重，我要怎麼提回家呢？於是，兩個人又七手八腳的打包，並把那包重達二十公斤的包裹送到「宅急便」託運，真是苦不堪言。回家後一算，米價八百日幣，但來回車資三千日幣，郵費一千五百日幣，其實所省有限，倒是花了不少時間和人力。還好同時還買了不少其他的東西，總算是不虛此行。

這種日子過了好幾個月，才有所改善。那年日本的夏天奇熱，雖然人人叫苦連天，但全國稻米豐收，米荒的惡夢總算成為過去。秋天時，看到超級市場貼出了「新米入荷」的紅紙條，我也迫不及待的買了一包最高級的秋田米來過過癮。只見煮好的白飯粒粒晶瑩透明，入口黏糯香Q，真不愧是上品的水晶米。尤其在經過幾個月米荒的折磨後，我更能領略它那無上的美味。於是，我決定以後要厲行朱子家訓：「一粥一飯，當思來處不易；半絲半縷，恆念物力為艱。」不再把剩飯倒入垃圾桶，而動腦筋做成各式各樣的稀飯和炒飯。也不再為了怕胖，只吃菜不吃飯。要知道：白飯有時比魚肉蔬菜更為珍貴難求呢！

和果子寫真

「和果子」是日本傳統點心，用米或糯米加糖、豆子、果製成。外觀精緻美麗，動人食慾。經過長久歷史的孕育，如今日本的各城各縣幾乎都有特產的和果子。就像中國的蘇州以綠豆糕和桂花糖馳名，廣州的白糖糕和馬拉糕也聲名遠播一樣。

一般日本超市中最常見的和果子，可以說是麻糬（mochi）了。麻糬在台灣也很盛行，但個頭要小得多，內包外滾的配料，有紅豆、花生、芝麻等，這其實比較近似一種

▲造型特美的京都和果子

日本稱為萩餅（ohagi）的點心。正宗的日本糯糬個頭比較大，餅皮潔白，內包紅豆沙，味道香甜。通常一盒四個，每個賣一百日幣。有一種名叫「草餅」（kusamochi）的糯糬，餅皮中混入了艾草嫩芽的汁液，呈深綠色，散發著艾草的清香，十足的田園風味，只在春夏兩季才販售。山梨縣的山梨市因為盛產艾草，當地的「早川製果」所製作的草餅最為著名。

日本人也過端午節，但他們不包粽子，而製作一種名叫「柏餅」（Kashiwa mochi）的點心。把包了紅豆沙的糯糬放在柏葉上蒸熟，風味與一般糯糬大同小異，只是多了一股柏葉的清馨之氣。這種柏葉並非松柏之屬的針狀葉，而是一種形似栗葉的掌葉，但這隻手掌只有三指，而非五指。至於為什麼也叫柏葉，我則不甚了了。只知道東京大學有一個「柏葉會合唱團」，可能柏葉對日本人有著特殊的意義吧！因是應節的點心，只有端午節前後才買得到。

另一種端午節吃的點心叫「笠團子」，這也是把糯糬裹在大竹葉裡蒸熟，外以草繩捆綁，蒸好後形如葫蘆。新瀉的「笠川餅屋」以此物馳名，新瀉的米好，團子的內餡用的紅豆，又是著名的產於北海道十勝的大納言小豆。日本人稱端午節為「吃團子的節日」，過端午不吃團子，就像中國人不吃粽子一樣的遺憾。

另有一種叫「蕨葉餅」的點心，清淡幽遠，風味絕佳，是我的最愛。蕨葉餅的歷史

▲左：蕨葉的黏液可做成蕨餅　右：紅豆和麵粉是和果子用得最多的食材

悠久，日本的古詩《萬葉集》裡就已提到它的美味。這是用羊齒植物的黏液做成的凍子，滑滑嫩嫩的，有點像愛玉，含糖微甜，再裹上黃豆粉，澆上黑糖汁，味道好極了。超市中常把它放在小紙盒中出售，新鮮得很，遇熱會融化，放在冰箱中又會變硬，最好馬上吃完。聽說茨城縣的蕨葉餅最有名，可惜我尚未吃過。我印象中最美味的蕨葉餅，應該是在奈良興福寺前的小攤子所吃的那一份。那個食攤搭著竹棚子遮陽，我當時正參觀完興福寺的日本國寶展，心中自有一股清雅之氣，正是適合吃蕨葉餅的時候。那份蕨葉餅又特別的香滑，大概是蘊含了奈良古都的千年風華吧！

日本人也喜歡用葛粉做成消暑的點心來食用。夏天時常看到超市中叫賣葛粉條。形似米苔目，又比米苔目透明爽滑，澆上黑糖汁就是甜食，加入醋拌的柴魚汁就是鹹食。胃口不開的人常拿它當午餐

▲ 柿子是製作和果子的主要材料

吃，像吃涼麵一樣，非常的清涼爽口。

日本的柿子量多質佳，用柿子做成的糕餅特多，最有名的據說是愛媛縣松山市的「柳櫻堂」所製作的「山里柿」。用當地盛產的西條柿乾碾碎為餡，包在用糯米餅皮中，形狀豐滿潔白。日本的「俳聖」正岡子規是松山市人，聽說最愛吃當地的柿子，並流傳有「柿樹圍繞，鐘聲悠揚的法隆寺」之類頌揚柿子的俳句。一經名家品題，松山的西條柿更是身價不凡，家喻戶曉了。我自己很欣賞新瀉佐渡島所製作的一種柿子果凍，名叫「柿時雨」，是將柿子汁和葛粉混合所做成的凍子，冷藏後在夏日午後食用。佐以綠茶，頗有通腸順氣，清熱消暑之功。

日本一向以羊羹馳名，最講究的羊羹據說產於岩手縣的下閉伊郡。當地有一個著名的鐘乳石洞，是日本三大鐘乳石洞之一。洞中的泉水清冽甘美，當地的「中松屋」利用泉水來製作各種糕餅，風味特別好，所製成的羊羹風味別緻，有牛乳、胡桃、黃栗之分，可惜並不外銷，一定要到當地才買得到。我自己並不太喜歡吃羊羹，嫌太甜，吃了兩口就膩了。一定要佐以濃釅味苦、色呈碧綠的抹茶才能加以中和。但這種抹茶含有大量的茶精，喝了往往飽受失眠之苦，乾脆就不吃了。不知道中松屋的羊羹是否較合我的口味？

我有一回到京都去玩，在祇園的「鍵善良房」吃到他們特製的烤蕃薯餅，驚為天人。餅其實不大，三兩口就吃完了，但那香酥甜糯的滋味一直留在我的腦海中。祇園的和果子鋪店面往往很小，擺設得十分古雅。糕餅手藝講究傳統手工製造，歷史悠久，有時糕餅師傅還現場表演一番，令人油然而生思古之幽情，更增添了糕餅的風味。日本最好的番薯餅產於九州的鹿兒島，當地出產的「薩摩番薯」特別的香甜，所製成的番薯餅滋味更不同凡響了！九州受西洋影響較深，番薯餅皮是西式的做法，餅面灑以黑芝麻，比起京都的番薯餅，又是另一種風味。

和歌山市（古稱紀州）的「駿河屋」所製作的「木之字饅頭」，也是一種歷史悠久的食品，源自德川時代。當時是一種由「參勤交待」之類的小官攜帶在路上吃的乾糧。饅頭以發酵過的麵團製作，微含糟香，以蒸籠蒸熟後，餅面呈淺棕色，白色的「木」字清晰可見，因而得名。可生吃，亦可油炸後佐以醬油，確實是一種耐飢的點心，似乎和中國的炸銀絲捲有異曲同工之妙。

和果子的種類五花八門，無法一一備載。最近日本的美食家中島久枝選了八十種她認為最精美的編成《和果子》一書，附有彩色圖片及生產廠商的電話和住址，以供有心人按圖索驥，實是喜歡甜食者的一大福音。中國人大多沒有吃甜食的習慣，這方面的文化不太發達。中餐館的飯後點心，吃來吃去都是八寶飯和杏仁豆腐。糕餅鋪裡頭賣的點心，不是鳳梨酥就是綠豆糕，單調得很。只有蜜餞花樣多、味道美，值得稱道。最近流行的松子酥、杏仁酥、葵瓜子酥等，健康天然，香酥可口，亦為甜食製作上的一大突破。

或謂甜食熱量高、易發胖、不健康，我總覺得事在人為。只要在製作素材上力求講究：低油，低糖，多用天然蔬果，攝取適量，甜食絕不會比雞鴨魚肉更易使人肥胖。在飽啖山珍海味之後，來上一客清甜爽口的甜點，不但消油解膩，而且平添美食的樂趣，真是何樂而不為？

天婦羅物語

天婦羅（tempura）是一種具有代表性的日本食品，指的是裹麵粉油炸的海鮮或青菜。炸天婦羅在日本是一門專門的技術，就像捏壽司和宰殺河豚一樣，要經過長期的訓練才能出師。日本有許多賣天婦羅的專門店，如銀座的「天國」等，便以天婦羅師傅的手藝取勝。我住過日本幾年，吃到不少道地的天婦羅，也在那裡學會了炸天婦羅的手藝，成為我生活的一部分。

▲ 天婦羅是日本食物的代表之一

▲ 海鮮和蔬菜的天婦羅

很少有人會知道天婦羅原來是葡萄牙的美食，約在十六世紀傳入日本。葡萄牙人十六世紀末期來到九州的長崎，逼迫日本幕府開港通商，並派了大批的耶穌教會傳教士來傳教。他們在日本停留期間，每逢一年四次的齋戒日因禁食肉類，便向日本人購買海鮮和青菜，裹上麵糊油炸食用。「四次」的拉丁語為 quatuor tempora，日本人就乾脆稱這種油炸食品為 tempora，後來以訛傳訛變成 tempura。因麵糊稀薄，炸法講究，香脆可口，並保留素材原味，大受民眾歡迎，而逐漸普及日本。

油炸海鮮和青菜聽起來簡單，裡頭的學問可真不少。我的日文老師浮田女士曾向我示範過她家祖傳的天婦羅炸法，手續繁瑣，而且要眼明手快，一個小時下來，可真把我累慘了。記得那天炸了鰺魚、蝦、紫蘇葉和其他青菜。蝦洗剝乾淨後，要先冷藏以保持鮮脆。鰺魚有不少小刺，要用小鑷子一一夾乾淨。還沒有開始油炸，我的腳就已經站酸了。

炸粉最好是用日本出產的天婦羅專用粉，那就不用另加蛋清，只要和入冰水即可。一定要用冰水，才能保證炸出的外殼酥脆。在麵糊調好後，為了保持溫度的涼冷，要把盛麵糊的碗擺在一個大海碗中，四周再圍以冰塊。炸時左手要一直端著這個大海碗，您說那有多重！

天婦羅師傅絕不是好幹的。當沾了麵糊的素材放入燒沸的油中後，我還要不時用右手將生麵糊「點」在炸物的外殼上，使成品蓬鬆美觀。有時點得不好，麵糊會脫落自成一小球，不久油鍋中就浮滿了這種金黃的小球，有損炸油的品質，還得常用油漏子把它撈掉。油溫呢，最好是中溫，切忌太高以免成品焦黑。每種素材油炸的時間長短不一，有的要先煮得半熟才能下鍋（如茄子、南瓜），有的則一下鍋就得撈起（如紫蘇葉），免得過老，搞得我手忙腳亂。而站在炙熱的油鍋旁半小時，更烘得我香汗淋漓，熱不可當。

炸好的天婦羅在冷卻之前要保持直立，絕不可平擺，如此才能留住香脆的本質。頂尖的天婦羅冷卻後還是酥脆的，絕不會回軟，而且看起來蓬蓬鬆鬆，一隻蝦像是有兩隻大，非常漂亮。那天第一次吃到自己炸出來的天婦羅十分得意，不由得多扒了兩碗白飯。由於手續太過麻煩，我以後只有在貴賓上門時，才把這門手藝拿出來「秀」一下。

最省事的方法還是到餐館品嚐。我所吃過最難忘的天婦羅，是今年初在東京新宿某家不知名的小店所吃的季節套餐，勝過銀座的「天國」。時值初春，所用的素材都是海鮮和蔬菜，洋溢著春天的氣息。比如「伊勢海老紫蘇捲」，就是龍蝦裏上紫蘇葉去炸，風味極佳，鮮而且脆。「公魚雲丹揚」是把公魚鑲上母魚卵去炸，公魚香酥，魚卵膏腴，是該店的招牌菜。此菜頗富創意，因為母魚產卵後變得羸瘦，不如公魚肥嫩可口。以公魚配上母魚卵，才是絕配。「合鴨東波揚」就是炸鴨肉，鴨肉春天時最為肥美，而且絕無腥氣。這是我第一次吃到素材非海鮮或青菜的天婦羅，值得一記。

在各種天婦羅中，最好吃的還是黑豆配銀杏的炸餅。黑豆的香甜配上銀杏的綿軟，產生一種奇異的口感，令人吃了還想再吃。另有一種野菜天婦羅，將初生的荸薺配上三葉草，炸成餅狀，荸薺的脆軟清甜中蘊含著三葉草的清香，純純的田園風味。這些天婦羅都是一道道現炸的，炸好後再照秩序端到我面前。溫度適口而不過燙，可見師傅對油溫度控制頗有一套。價錢也合理，一人份的套餐才兩千三百五十元日幣。

日本的菜市場中也都設有賣天婦羅的攤位，嫌餐館太貴而又懶得自己動手的人，不妨買一點現成的回家吃。內容包羅萬象，海鮮中舉凡魚蝦、干貝、牡蠣、螃蟹；青菜中舉凡牛蒡、秋葵、南瓜、馬鈴薯、茄子等無所不包。炸蝦一隻約三百日幣，炸青菜則每件一百日幣左右。

▲ 左：炸海鰻　右：河豚與蔬菜天婦羅

我注意日本人在菜市場買鮮蝦通常不是買一斤或一磅，而是只買若干隻，那就是要炸天婦羅用的。如果買四隻，表示她家有四個人，一人一隻。日本炸天婦羅的專用蝦叫「虎蝦」（tiger shrimp），據說原是中國天津所傳入的大對蝦，只是到了日本後因水土不服而體積變小了。是否為真，有待專家考證。

葡萄牙人雖然在日本只有短短的七十年，卻對日本的文化產生了巨大的影響。除了天婦羅之外，他們還傳入了航海術、基督教和長崎蛋糕。後來日本人又把天婦羅和長崎蛋糕傳到了台灣，儼然當成了自己的特產。如今美國的日本餐館中，賣得最多的熱門菜色就是天婦羅。美國人本來就愛吃炸的東西，何況這天婦羅又比他們的 fish & chips 高明得多，怎能不叫他們趨之若鶩？俗諺云：「美食無國界」，只要是好吃的東西一定是到處受歡迎的，日本天婦羅又得一明證。

誰解蟹之味

▲ 肥美的丹金尼斯巨蟹

螃蟹是海鮮之王，滋味鮮美為眾海鮮之冠。記得我十歲第一次吃螃蟹，就吃到一隻名貴的台灣正紅蟳。那是最疼我的小祖母特地買來給我打牙祭的，蟹身約有巴掌大，兩隻強壯的蟹螯不住的掙扎開合，生猛無比。祖母為了將牠丟進鍋內，手上還被鉗了一口。蒸熟後剝開，不但蟹肉密實鮮甜，蟹黃更橙紅亮眼，甘香襲人。我吃得說不出話來，從此愛上了螃蟹，看到不同品種的肥蟹，總要買來嚐嚐。台灣正紅蟳很昂貴，我們通常在過年時才特地去東港漁市買回家，自行蒸煮剝食，算是加菜。

後來我到美國留學、就業、成家，一晃三十年，就很少吃到台灣的正紅蟳了，倒是其他各地的名蟹吃過不少。美國螃蟹中最出色的，我覺得要算是東岸特產的藍蟹（blue crab）了。藍蟹外殼是美麗的紫藍色，個頭很小，每隻不到巴掌大，蟹螯也細小。但蟹肉的鮮度驚人，蟹黃又多，令人一吃難忘。據說美國藍蟹跟天津海河的紫蟹，有著說不清楚的親戚關係，奇怪的是牠只產於東部的大西洋岸，西部的太平洋岸則產另兩種名蟹。講究的人吃藍蟹，要特地去原產地鱈角（Cape Cod）的波士頓市吃，滋味最為正宗，但外地也買得到。

我曾在紐約上州住過十年，一向都在紐約市的唐人街購買藍蟹，再回家煮食，滋味也不差。藍蟹產量多，價格便宜，半打不過美金五元，足夠兩個中等食量的人飽餐一頓，物超所值。紐約市的治安一向不好，隨身帶著六隻生猛的螃蟹，遇到打劫頗有防身作用。情況危急時只要往綁匪臉上一甩，保證可以化險為夷。藍蟹的蛋白質含量很高，死後極易腐敗，在美東一死即遭丟棄，乏人問津。不像加州的中國超市，還把死掉的藍蟹剝殼拿出來賣，不太有職業道德。

美國藍蟹因個頭小，吃起來麻煩，不太受洋人歡迎。我認為藍蟹最好的吃法是整隻上籠清蒸，佐以薑醋。洋人常把蟹肉剔出來，裝在小塑膠杯裡賣，方便之餘也少了剝殼吮食的樂趣。他們通常蟹黃棄而不食，只將蟹肉沾以味酸略甜的雞尾醬（cocktail sauce）

進食，開胃得很。另一種別緻的美式吃法，是將酪梨一切為二，去核，然後將蟹肉填塞其中，上面灑以青檬汁，做成酪梨蟹肉盅。酪梨的甘美加上蟹肉的鮮甜，相得益彰。

我也愛吃大閘蟹。每年秋天當陽澄湖大閘蟹上市時，我如果人在上海，必要飽食一頓。我嚐過經典名店「王寶和」的蟹黃魚片、蟹粉豆腐，「夜上海」、「揚州飯店」著名的蟹黃煨麵，印象中都沒有上海好友在家裡請的那一頓精采。她從菜市場買了十斤大閘蟹，回家上籠清蒸，每人分到四隻，隻隻膏黃肉滿，令人吮指回味。怪不得國學大師章太炎的夫人湯國梨曾作詩云：「若非陽澄湖蟹好，人生何必住蘇州。」美中不足的是大閘蟹價格比我愛吃的美國藍蟹貴很多，在上海菜市場每斤至少一百人民幣（十三至十四美元），運到外地後再加一番，不是隨時可以大快朵頤的蟹中珍品。

美國西岸的兩種名蟹，一是阿拉斯加王蟹（Alaska King crab），一為丹金尼斯巨蟹（Dungeness crab），都以體積大、蟹肉多聞名於世，但味道不見得好。阿拉斯加王蟹顧名思義，以產於阿拉斯加的為正宗，加州和華盛頓州的海岸也有出產。蟹身不大，蟹螯長得驚人，也是唯一

▼ 陽澄湖大閘蟹

可食的部分，肉質粗糙，不能算是蟹中的上品。但我有一次在洛杉磯的雷唐多海岸（Redondo beach）的漁人碼頭，吃得非常痛快。那家海產店就設在碼頭甲板上，洋溢著粗獷的海洋氣息。店家把碼頭內所捕獲的海鮮鋪排在蓆架上，供食客瀏覽挑選，價格比餐館便宜得多。挑好後說明要幾隻蟹螯、幾磅蝦、幾隻大蛤蜊，廚師就會將其丟進加了鹽的沸水裡煮熟，再撈上來送到客人面前，餐桌就設在露天的甲板上，一律原木打造。美國有種專門用來吃蟹螯的小槌子，拿它往螯上一敲，立刻螯裂肉現。蟹肉沾融化的黃油，入口甘香。迎著習習海風，沐浴在加州亮麗的陽光下，這頓海鮮之宴，吃得我畢生難忘。

▲丹金尼斯巨蟹是很好的婚宴前菜

在舊金山的漁人碼頭，常可看到食攤上擺滿一隻隻煮熟的鮮紅大蟹，那就是當地的名產丹金尼斯巨蟹了。體大肉滿，肉質甜美，佐以啤酒，更見出色。但通常吃半隻就飽了，兩個人分食一隻剛剛好。這裡還賣一種舊金山特產的圓形酸麵包（sourdough bread），將麵包中間挖空，注入奶油蛤蜊湯，是吃螃蟹的絕配，食量大的人可以考慮。

丹金尼斯巨蟹唯一的缺點是蟹黃稀少，而且只能吃到公蟹。母蟹負責產子，有傳宗

▲左：舊金山的漁人碼頭　右：做酸麵包的師傅

接代的神聖使命，美國人一捕到母蟹就丟入海中放生。此舉雖充滿生態保護意識，但在嗜吃蟹黃的我看來，未免有點暴殄天物。因蟹蓋特大，丹金尼斯巨蟹常被用來做為焗蟹蓋的材料。將蟹肉混合乳酪、麵包粉、芹菜末，和其它調味料塞入蟹蓋中，放進烤箱中燒焗，焗好後趁熱吃，滋味膏腴香美。比起中國人的持螯賞菊，又是另一種境界。

北海道的毛蟹是日本的名蟹，但滋味不過爾爾，價格卻貴得驚人。在北海道的漁市中，一隻中型毛蟹價格至少在四千到六千日幣之間，大的要一萬日幣以上。毛蟹殼軟肉粗，蟹黃稀少，一般的吃法是加白菜、豆腐做成毛蟹火鍋，或將蟹肉放入稀飯中，加香菇做成蟹肉雜炊，不過是吃個鮮味而已。

為什麼北海道毛蟹的價格如此昂貴？我

▲ 北海道的毛蟹

以前的日文老師浮田女士一提起來就咬牙切齒。根據她的說法，在第二次世界大戰後，日本因戰敗而將位於北海道東北鄂霍次克海域的北方四小島（國後島、擇捉島、色丹島、志發島）割讓給俄國，從此日本人就不能再到那裡去捕魚了。北方四小島正是毛蟹的盛產地，這一來毛蟹捕獲量驟減，價格節節上揚。近年來日本政府很積極的想把這四小島從俄國人手中買回來，至今尚未成功。有時我在東京街頭還會看到「收復北方領土」的張貼，指的就是這四個小島，看起來日本人很想吃點便宜的毛蟹。

書法家清道人李瑞徵自稱一頓飯能吃一百隻蟹，自號「李百蟹」，我對此說始終存疑。任何東西無論多麼山珍海味，龍肝鳳髓，吃多了都會發膩，要淺嚐慢品，才能領略箇中真味。螃蟹性寒，尤其不可多吃，適可而止，方為保健之道。

尋找牛肉麵

有人說：在你饑腸轆轆或腸胃失調時，第一個想起來的食物，就是你最愛吃的東西了。對我而言，我總想起牛肉麵。不論是在家中半夜餓醒，或在外四處旅行，吃不慣當地食物的時候。

因此我很瞭解為什麼當年李登輝走訪康乃爾大學的時候，專機上還要帶一個專門做豬腳麵給他吃的師傅。而我就是因為缺少一位這樣的家廚，所以一生中有不少的時間都浪費在孜孜不倦的尋找一碗合意的牛肉麵上。

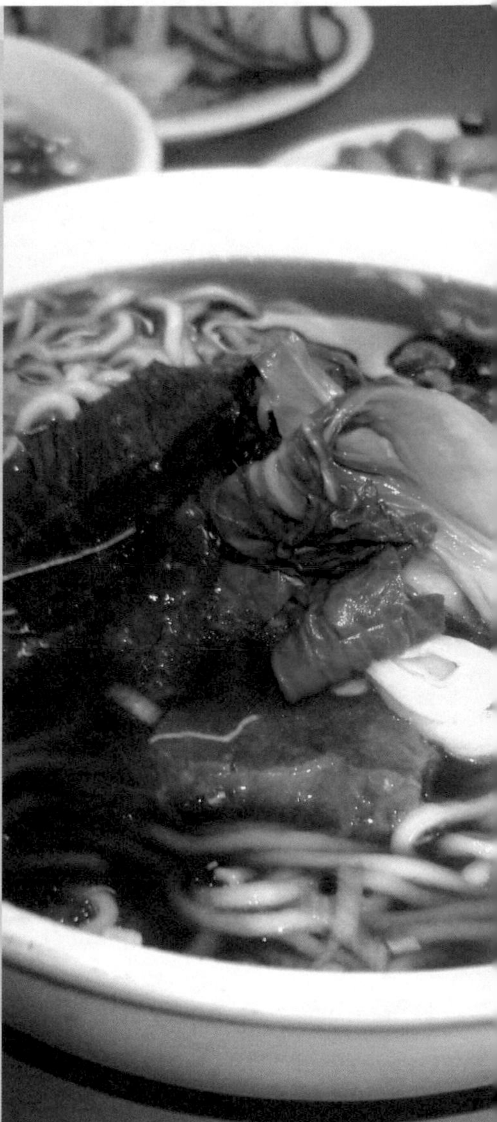

▲ 適口充腸的牛肉麵

吃到第一碗牛肉麵時，我已經十八歲了。我娘家是很傳統的台灣家庭，篤信佛教，禁食牛肉。而且我母親認為牛肉性燥，吃多了會使人肝火上升，性情暴戾，尤其不適合婦女食用，所以我娘家的餐桌上是看不到任何牛肉菜色的。連對門的林家開了一家「牛肚湯」食攤，生意鼎盛，牛肚和大料的香味四處飄散，引得人饞涎欲滴，還被我母親抱怨了好幾年，認為他家牛肚的羶氣，把她都給薰腥了。即使後來林家賺了大錢，買了賓士（Marcedes Benz）汽車代步，改開民俗古董店，還是得不到她的尊敬，總稱他們為「賣牛肚的」。因此在上大學前，我根本不知道牛肉是什麼滋味。

成為大學生後，我獨居在師大附近，開始享有飲食上的完全自由。那時我租屋住在台北龍泉街，室友是位唸政大的屏東同鄉，每天傍晚一定邀我去吃師大牛肉麵。我第一次開洋葷覺得新奇，但並不是太欣賞它的風味。我覺得牛肉腥羶乾柴，不如豬肉柔腴可口。而且那碗麵雖然便宜，麵多肉少，吃起來並不怎麼痛快。如今牛肉麵吃多了，更確定當年的師大牛肉麵，其實只是窮學生的恩物，在口味上屬於不入流的那一級，我當年的直覺是正確的。

▼左：屏東牛　右：牛肚湯

連有名的桃源街牛肉麵，我都不覺得有何出奇之處，尤其是那一碗可隨意添加的酸菜，在馬路口迎風兜塵，總讓我吃起來不是滋味。後來聽說桃源街失火付之一炬，同情之餘也不覺得有太大的遺憾。我第一次對牛肉麵鍾情，還是大學畢業後，吃到永康公園前一個四川老頭所賣的川味牛肉麵——那時借住在一個朋友家，有一天我們聊到深夜，一起出來吃宵夜。凌晨十二點半了，那家牛肉麵攤前還是車水馬龍，僅有的幾張桌椅早已被佔據。其中有一桌的客人，居然還是當時尚未離婚的著名影星秦漢、邵喬茵夫婦，可見此攤名氣之大了。

至於那碗麵呢，至今回想起來仍令我口舌生津。牛肉和麵的比例恰當，牛肉塊大而帶筋，肥而不濃，瘦而不柴，用大料紅燒得恰到好處，使腥羶之氣反而成為一種獨特的鮮味。湯頭則濃郁香辣，吃得人直冒汗，大呼過癮，連在三伏天的夏日也不嫌其熱。牛肉麵可以做到這個地步，可說是登峰造極了。

此後，我似乎就老是在尋找一碗像這樣的牛肉麵。信義路上的「藍家牛肉麵館」也不錯，但口味差一點。重慶南路「義美」附近的「北平田園小吃部」所賣的山西牛肉刀削麵也是物美價廉，但那牛肉是清燉而不是紅燒的，是另一種風味。總之，那一陣子好像吃遍了台北的牛肉麵館，只差沒有改信回教了。

可惜好景不常，我不久後出國留學，居然有好幾年連牛肉麵也吃不到了。剛到美國時，在亞利桑那州的鳳凰城求學，當地最流行墨西哥菜，滿街都是我最不愛吃的「塔哥」（taco）玉米餅的招牌。中國菜呢，只能找到幾家唬唬洋人，以甜酸肉為號召的餐館。幸好中國雜貨鋪有賣台灣出品的「原汁牛肉麵」泡麵，我總是買一整箱放在公寓裡，等深夜做完功課後泡來當宵夜吃，有時再加個蛋，就覺得人間美食不過如此。比起當年范仲淹苦讀時喝饘粥療飢，蘇秦「頭懸樑，椎刺骨」，我還算是有點福分的。

畢業結婚後搬到紐約，開始洗手做羹湯，由於外子也有同好，於是我就常常研究如何燒出可口的紅燒牛肉。當時得了一個「紅燒牛腩」的食譜，成品雖也香濃味美，但總是廣東口味，吃起來怎麼也不像當年永康公園前所吃的那一份。後來又試過幾份朋友們所提供的「川味牛肉麵」食譜，成品更加令人失望。所以我每到紐約唐人街，就到處打聽哪裡有賣牛肉麵，有一次終於找到一家以「桃源街牛肉麵」為號召的小店，連去了好幾次。說真的，味道不怎麼樣，但慰情聊勝於無，除了滿足我的口腹之慾外，也減輕了我對青春歲月的記憶，和去國離鄉的鄉愁。

搬來加州後，情形大有改善。聖荷西的中國餐館不少，而且幾乎每家都賣牛肉麵，水準雖趕不上台灣，但比紐約要高明得多。其中我獨鍾「半畝園」的紅燒牛肉麵。麵都是手工拉的，粗細隨意，麵質爽口有咬勁。牛肉薄而帶筋，鹹淡剛好，湯頭也香濃不油膩，還浮著幾片青江菜。唯一的遺憾是湯色太黑，而麵又太多了一點，以我的食量，半碗也就飽了。如怕浪費而硬要把它吃完，不久後我看起來就會像電視胖星鄒美儀註。我每次都忍痛只吃一半，另一半則棄而不食。「半畝園」離我家有半小時車程，我有時趕稿子趕到中午一、兩點，餓得全身無力，還硬開半個小時車趕去吃碗牛肉麵充飢，才覺得身心舒泰，可見牛肉麵對我有多麼重要了吧！

今年初回台灣，還特地到永康公園前張望了一番，但那家川味牛肉麵攤子已經不見了。時隔二十年，那位四川老先生大概早已賺得盤滿缽滿，退休頤養天年去了。惆悵之餘，我們只好到附近的「鼎泰豐」去排隊，排了半小時隊，終於吃到一碗紅燒牛肉麵，驚為天人，覺得比聖荷西「半畝園」的風味高明不知道多少。首先是麵的大小剛好，絕不會把人撐胖；而且湯頭醇厚清爽，牛肉塊燒得酥軟入味，連外子都吃得頻頻叫好。我倆衝動之餘，差點決定馬上回台定居，以便可以天天吃到這麼好的牛肉麵。古人尚有蓴鱸之思，今人豈能無牛肉麵之戀乎？

我的三妹夫是英裔的美國人，曾在台灣住過兩年。如今問他最懷念的台灣小吃是什麼，他總說是牛肉麵。看來好吃的東西是放諸四海而皆準的，而我在天地之間又多了一名知音。但信不信由你，我的母親至今仍不知道我背著她大啖牛肉麵。否則，她大概又要把我的急躁脾氣，歸咎於吃牛肉的不良影響了吧！

註：鄒美儀是台灣有名的胖女星，已逝。

難忘的屏東小吃

一般人提起屏東，總想到墾丁公園和木瓜糖。但做為一個土生土長的屏東人，我想到的卻是完全不同的東西。

我是屏東縣潮州鎮人。潮州鎮是屏東縣第一大鎮，民生富裕，教育水準高，風景也很優美，十足的南國情調，早期的移民來自廣東潮州，因而得名。我曾認識一位在省立潮中教書的老師，原是馬來西亞華僑。他簡直愛上了潮州，準備在那裡終老。我問他為

▲ 萬巒豬腳出爐

▲左：屏東縣的檳榔樹多，檳榔花也成為美食　右：田埂上的檳榔樹芳香四溢

什麼，他說潮州很像他的故鄉——馬來西亞的檳城。

的確，你看郊外那綠油油的稻田，田埂上開著白花，飄散著芳香的檳榔樹；成片的蓮霧園、椰子樹，和一畦畦不時濺起水花的鰻魚池，你就可以感到潮州的富庶悠閒，而不由得從心裡發出讚嘆之聲了。我也喜歡都市的熱鬧繁華，但總在心靈的一角供奉著潮州的田園風光，旅居國外的這些年來，它一直是我生命力的源泉，汩汩不斷，永不枯竭。

更令我難忘的，無疑是屏東縣內的各色小吃了。故鄉的口味總最令人眷戀，何況屏東縣內擁有豐富新鮮的農漁產，和道地的台灣小吃，實在是雋逸甘芳，風味獨具，是許多豪華的大飯店，或是口味已混雜的台灣大都市所做不出來的。以最著名的萬巒豬腳為例，那就是一道獨步全台的美食。屏東的豬肉品質好，肥少瘦多，賣滷豬腳的也不少。但要做到像萬巒豬腳那麼肉酥皮脆，腴而能爽，而且沾料香鮮開胃，令人吃了還想再吃，那可就不容易了！

萬巒離潮州只有兩公里，最適合的交通工具是自行車。

記得第一次吃萬巒豬腳是唸大學的時候，那年暑假在家，溽暑蒸人，百無聊賴。有一天黃昏時，阿姨卻來相邀，騎自行車去郊遊，並到萬巒吃豬腳。說到吃，我總是有興致的，於是便推著自行車整裝出門。一路上騎經兩旁種著矮肥黃椰子樹的屏潮公路，只見路旁的蓮霧園和芭樂園已結實纍纍，潮州大橋下的蘆葦也抽出了潔白的花絮，金紅色的夕陽把河水也染紅了，我的心情不禁飛騰起來。

到了萬巒，我們直奔「海鴻飯店」。只見店內人頭攢動，店外屋簷下的大錫盆內裝著一隻隻滷好的豬腳，盆上還掛著一支電動刷子在趕蒼蠅，真是非常的鄉土。我們點了一盤滷豬腳、兩碗客家粄條湯（粄條就是河粉）和一碟竹筍沙拉，吃得非常開心。第一次吃萬巒豬腳，不但驚訝於它的濃腴味美，而且從來不吃肥肉的我居然頻頻下箸，專挑肥的吃，因為肥肉的香脆簡直蓋過了瘦肉的甘醇。

我一向是肥肉的厭惡者，覺得油膩噁心，從小吃香腸還得把肥肉剔出來而專吃瘦的部份，常被講究美食的祖母笑稱是個大傻瓜，連香腸都不會吃。如今我還是一樣的憎厭肥肉，只有吃萬巒豬腳時例外。因為除了豬腳香脆外，沾料也是一絕。那味道調得恰到好處的蒜茸醬油，沾豬腳吃真是相得益彰，令人只覺其香，不覺其肥。

客家粄條湯更是美味。屏東縣內閩南和客家人各佔一半，但萬巒則以客籍人士居多。客家人也分成好幾族，有屏東客、美濃客、新竹客、苗栗客、桃園客之分，各有不同的客家語音和飲食口味，但做粄條的手藝卻一樣的好。他們善用磨好的在來米粉加水做成粄條，成品新鮮而有彈性。用這樣的粄條，加上大量炸香的蔥花、豬骨熬成的高湯，和少許韭菜、豆芽，其香美可想而知。如今在國外吃不到了，有時想念家鄉口味，我也會到聖荷西那專賣廣東潮州河粉的「中記麵家」來上一碗解饞，但總覺得略遜一籌。麵料是豐富多了，但湯的香味不夠，河粉的彈性也不足，只是聊慰鄉情而已。

每次由國外回台探親，父母親友問我想吃什麼，我總是婉謝一切大飯店的邀約，而獨鍾萬巒豬腳。萬巒並不在高速公路上，因此潮州郊外曾經有人開了家名叫「客家莊」的客家食堂，專賣萬巒豬腳和客家菜，以方便一些南來北往的旅客。寬大的飯廳可容納數十桌人，但總是座無虛席。我所嚐過的菜色有冬瓜烘、炸豆腐、薑絲炒大腸、炒番薯葉等，無不料精味足，令人一吃難忘；唯一的遺憾是豬腳的肥肉不夠脆，比「海鴻飯店」的差一點。此外，「客家莊」也賣一些客家糕點，每樣都做得芳潤適口，令人在飽啖甘肥後仍欲罷不能。

說起客家糕點，那可是赫赫有名的，但可能只有在潮州吃得到。我幼時每天早上都看到一個客家阿婆挑著裝滿自製糕點的擔子來我家叫賣，媽媽總要買幾個來打牙祭。那些糕餅有甜有鹹，有一種紅色扁圓形，內包綠豆沙，餅皮上有花紋的叫「紅龜」；栗色半圓形，內包蘿蔔絲，甜鹹相間的叫「菜粿」；切成菱形，一層咖啡色，一層白色，兩色相間而有彈性的軟糕，叫做「千層糕」，帶有香蕉油和黑糖的風味，又Q又潤，是我的最愛。另有一種「芋粿」，也是甜的，形圓色灰紫，還看得到一根根粗大的芋絲嵌在粿裡，粉糯甘香，當時也是我每天不願意錯過的零食。這些糕點的共同特色是粿底都用新鮮香蕉葉墊著，十足的田舍風味。

如今那位客家阿婆早歸道山，幸好潮州中山市場內還有另一個客家婦人在賣自製糕點，我每次回潮州總要安步當車，去買幾個回來品嚐一番，順便瀏覽一下菜場風光，讓那一直裝滿奶油蛋糕和巧克力糖的胃，也暫時換換口味。

至於閩南人的吃食，花樣可就更多了。潮州鎮的閩南人多來自福建廈門，像我們周家就來自同安，屬廈門府，可能在飲食上也有共同之處。我家附近的三山國王廟口所賣的炒粿、花枝羹、木瓜牛奶、藥茶，名聞遐邇，都是三十年以上的老店，常有人大老遠從高雄跑來吃。

炒粿是將切細的粄條，加韭菜、豆芽、肉絲或海鮮，再和入番茄醬、豆瓣醬去拌炒，香聞十里，薰得周圍的店家都坐立不安，恨不得趕快吃上一盤。這家店歷史悠久，從我小學時代開店至今，也有三十幾年了。原來不過是新山戲院門口的一個小攤子，攤前只有三張座椅，後來生意太好，空間不敷使用，才搬到廟口，並蓋起了足以遮風避雨的水泥店面，裡面擺了好幾張桌子，仍常坐得滿滿的，聽說店主早已發了大財。宜妹嫁到高雄，每次回潮州探親，一定到廟口去吃炒粿，才覺得她真的回家了。

木瓜牛奶店「清福號」，也是潮州鎮的一頁傳奇。這家店已有四十幾年的歷史，年紀比我還大。以前也是個不起眼的賣各色冰果的小攤子，後來因木瓜牛奶賣得特別好，便改成木瓜牛奶專賣店，用道地的味全鮮奶加甜木瓜打成果汁，您說滋味能不好嗎？每杯又足有五百CC之多，胃口小的人還喝不完，所以店主也早賺了好幾棟樓房。此店歷經父子兩代，當年那和我年齡相仿，活蹦亂跳的兒子，如今已是滿面風霜的中年人，看到他，令我不由得想起我的童年。所謂「少小離家老大回，鄉音無改鬢毛摧」，真是最好的寫照。

另外兩樣不容錯過的潮州美食，是第一市場內的鱔魚麵和香菇扁魚肉羹。鱔魚麵店另有個渾名叫「雨傘店」，因為生意太好，架子也大了，開不開門做生意全看它高興，就像雨傘可以隨意開關一樣，因此想吃鱔魚麵還得碰運氣。不過他們所用的鱔魚全是活的，當場生剖活殺再下鍋生炒，加調味品勾芡，滋味香鮮酸甜，十分開胃爽口，所以食客仍不遠千里而來。

有一年我回潮州，媽媽特地陪我去吃鱔魚麵。沒想到一進門，就看到一位貴客赫然在座。他是我的表叔，也是潮州人，曾任屏東縣長，當時在台北任黨政大員。我們上前寒暄，才知道他受命回鄉考察，公幹既畢，就來吃碗鱔魚麵一解鄉愁。看來無分老幼貴賤，鄉愁總是和故鄉的食物密不可分的。

至於那攤香菇扁魚肉羹，真是我所吃過的最好吃的肉羹了。肉羹我吃多了，大多不三不四，既無香菇、扁魚添香，豬肉上又老裹著一層厚厚的魚漿，把肉味全掩蓋了。這家的肉羹卻只是在里脊肉上沾一層薄薄的番薯粉，就下鍋與香菇、扁魚、白菜一同熬煮，單單那股香氣就令人食指大動。我曾自己揣摩在海外試做，味道居然有七、八分神似，有一精於飲饌之術的好友亦讚不絕口，常要求我做給她吃。

屏東夜市也是我每次回台的必到之處。我在屏東女中唸了六年書，每天放學後、回家前總在夜市附近遊蕩，到「順時書局」看看不要錢的書報，再去夜市內的「進來涼冰店」吃幾根冰棒，才心甘情願的回家。若逢週六，下午沒課，就去「上好肉粽」吃兩個粽子當午餐。

説起「上好」的粽子，真是人間至味。台灣北部粽和南部粽的風味迥異，最大的分別是北部粽先把糯米炒過，再包在竹葉裡蒸熟，吃起來和油飯沒什麼兩樣。南部粽卻是先把生糯米混合花生，包在月桃葉裡直接蒸熟，因此成品潔白而富有彈性，並帶著花生的酥香。他們又在菜粽上灑一層花生粉，並澆上特製的醬油露，使其風味倍增，怪不得小攤子上總擠滿了人。他們也賣肉粽，但總沒有菜粽來得受歡迎。

「進來涼冰」的冰棒以口味好、製作衛生而馳名，據説李登輝先生當台灣省主席時曾

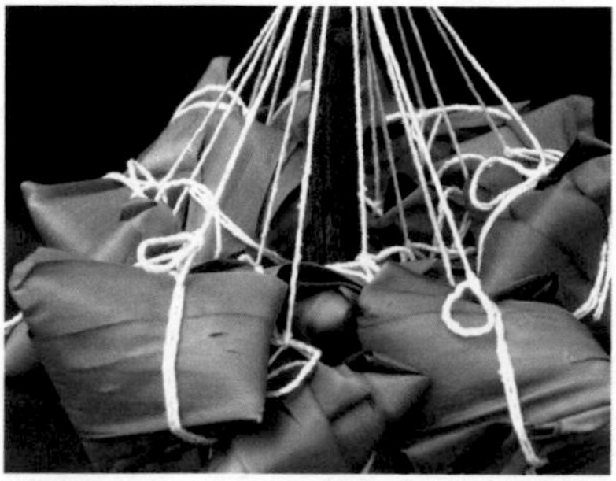

▲ 屏東夜市的「上好」粽子特別好吃

造訪過，所以當年那個狹窄陰暗的小店，如今居然已是屋宇高華的大商家。有一年輕太太帶著她那中英混血的小兒子 Nathan 回台省親，我們帶他去「進來涼」吃冰棒，只有四歲的他居然連吃四根，牛奶、芋頭、鳳梨一律照單全收，吃得全身起雞皮疙瘩仍不肯停，真是可愛極了。

前幾年屏東縣運時，縣政府曾花了一點時間去整頓夜市，如今屏東夜市的入口處已掛上了「觀光夜市」的招牌，以方便外來遊客尋訪。如從屏東火車站下車，只要右轉再走個五分鐘就到了，很好找。除了上述兩種美食外，屏東夜市中的魷魠魚羹、米苔目湯、芋頭剉冰、碗粿也都風味純正，是其他地方所模仿不來的。

林邊海鮮的名氣很大，名不虛傳。但潮州離東港很近，要吃海鮮也很方便，我去林邊的次數並不多，每次去都覺得食意酣暢，齒頰留香。我去老店「永樂」的次數最多，也試過其他的店家，滋味和水準都相差不遠。那裡的旗魚生魚片特鮮，不可錯過；其他的好菜還有清蒸沙蝦、五味日月蛤、鱸魚湯、炸花枝丸、炒海瓜子等。餐廳整潔明亮，夏天冷氣開放，雖沒什麼情調可言，但價格公道，是住在台北的人很難想像的。

幾年前回台探親時，姿妹特地開車帶我去墾丁公園暢遊一番。幾年不見，墾丁公園更具規模了，頗有國家公園的氣派。我們徒步去垂榕谷，又在海邊晒太陽、揀貝殼，心情十分歡暢。歸途中順路去恆春吃活海鮮，那家海產店在「馬爾地夫大飯店」對面，生意並不怎麼好，但滋味真是不錯。我們點了蒸活石斑、野生活龍蝦、嫩蘆筍炒活蛤蜊、酥炸沙腸魚等，才合台幣兩千七百多塊（約九十美金），便宜得不可思議。

加州也盛產石斑，但魚肉粗硬了些；台灣活石斑清鮮細嫩，入口即化，我到現在還忘不了那個滋味。野生龍蝦清蒸起來也非常鮮甜，滋味略勝美國龍蝦一籌，雖然小了一點，但也夠回味再三了。途經車城時，我們還在車城鄉特地買了一包當地特產的洋蔥，才心滿意足的打道回府。

我這一生驛馬星照命，四海為家，有機會品嚐各國美食，但最難忘的仍是家鄉屏東的小吃。美食家唐魯孫先生曾孜孜不倦的介紹他的故鄉北京的小吃，寫了一篇又一篇，因此我這篇文章也一下筆便收不住，再不叫停就要變成「萬言書」了。其實本文還是掛一漏萬，無法涵括屏東縣所有的美食，我或許會再寫篇續集，請讀者諸君拭目以待吧！

附錄：美國葡萄酒簡介

人類喝葡萄酒的歷史悠久，可以追溯到《創世紀》的年代。《創世紀》第九章第二十到第二十一節有一段諸如以下的記載：「他成為一個女人的丈夫，他種植了一片葡萄園；他把酒喝個精光並酩酊大醉。」這大概是人類歷史上的第一個醉酒者了！

加州是美國最著名的酒鄉，酒廠密布，生產優質的葡萄酒。但讀者可知道在十八世紀之前，加州葡萄幾乎全是野生的，品質不佳，也不適合用來釀酒。直到十八世紀中期，西班牙傳教士在聖地牙哥建立了第一間天主教堂後，才由墨西哥引進了適合釀酒的良質葡萄，這種葡萄至今仍被稱為「天主教堂葡萄」（Mission Grapes），是歐洲所有釀酒葡萄的老祖宗。當時的加州酒鄉並非如今獨領風騷的納帕谷（Napa Valley），而是洛杉磯。洛城曾因遍植葡萄，並設有大規模的釀酒廠，在十九世紀時被稱為「葡萄園之城」。

維格尼斯先生（Jean Louis Vignes）是加州第一位專業的釀酒者，也是第一位把歐洲釀酒葡萄引進美國的人。他的祖籍是法國的酒鄉波爾多（Bordeaux），但移民至洛杉磯從事釀酒業。接著，匈牙利人哈拉斯賽（Agoston Haraszthy）在十九世紀中期逃到美國加州的索諾瑪郡（Sonoma County）定居，並在這裡建立了他的葡萄酒王國。他最大的貢獻是在加州境內推廣葡萄藤插枝栽培法，使歐洲良質的釀酒葡萄因此而遍及全州。他所創立的 Buena Vista 農莊是當時最繁榮的葡萄酒廠，至今仍屹立不搖，廠主已變成了德國籍的默勒・拉基（Moller Racke），廠名後也多加了「加內洛斯」（Carneros，位於納帕谷的西南方）一字，以註明所有葡萄酒的產地。

如今加州共有八個重要的葡萄酒產區，除了納帕谷和索諾瑪郡之外，沿著太平洋岸，由北到南計有夢得昔諾郡（Mendocino）、北索諾瑪郡、聖塔克拉拉郡（Santa Clara County）、蒙特里郡（Monterey County）、中南部海岸區等，而黃金之鄉（The Gold Country）則位於內陸，在納帕谷的東邊。

加州葡萄酒的種類及特性

葡萄喜歡充足的日晒、排水良好的土壤、炎熱的白天和清冷的夜晚。加州的地中海型氣候和地理條件剛好適合葡萄的生長，在加州鄉下常可看到成片的葡萄園。除了香甜可口的無子葡萄和麝香葡萄外，其他葡萄幾乎都是用來釀酒的。成酒大多以葡萄的種類來命名，常見的有以下十七種：

薄酒來（Beaujolais）：原指產於法國布根第附近的紅葡萄酒，酒味淡而香氣濃，是一種新酒。在加州則指一種由嘉美葡萄（Gamay）所釀成的紅酒，在市場上通稱為 Gamay Beaujolais。

布根第（Burgendy）：布根第原是著名的法國葡萄酒產區，以 Pinot Noir 紅葡萄酒而聞名。這種酒加州人大多釀不好，因此「布根第」一詞在加州泛指任何紅酒。

蘇維濃（Cabernet Sauvignon）：原是一種紅葡萄的名字，現為世界紅酒之王，蘊藏香草濃香，含有較多的單寧酸（tannic），酒味微帶辛辣，細品之下又帶著黑醋栗的香味。加州釀造此酒十分成功，法國波爾多地區也以此聞名全球。

夏多尼（Chaodonnay）：原是一種白葡萄的名字，如今是加州最好的白葡萄酒。原產於法國布根第區，加州產品的品質已不遑多讓。最好的夏多尼白酒應該要「不甜」（dry），並有濃郁的果香。有時帶著乾果的氣味，或樹木的清香。一般都蘊藏在橡木桶中好幾年才拿出來飲用，以求接近原產區布根第的風味。

白梢楠（Chenin Blanc）：原是一種白葡萄的名字，成酒有濃郁的果香，有很甜的，也有不甜的。法國羅爾區（Loire）著名的 Vouvary 白酒，就是用這種葡萄所釀成的。加州也有釀製，但並不普遍。

白芙美（Fume blanc）：亦可稱為 Blanc Fume，原是一種白葡萄的名稱，成酒含有煙燻味，原產於法國上羅爾河谷。在加州，多半用來釀製放在橡木桶中貯藏的白蘇維濃酒（Sauvignon Blanc）。

格烏查曼尼（Gewurztraminer）：原是一種德國葡萄的名字。這種白酒通常比較甜，果香濃郁，有時帶一點辛辣，在德國、法國的亞爾薩斯、加州都很普遍。此酒的果香聞起來像玫瑰花和葡萄柚，很適合搭配任何亞洲菜式，在加州以費茲（Fetzer）酒廠的產品最為著名。

夏布利（Chablis）：原是法國有名的葡萄酒產區，在美國泛指所有的白酒。夏布利（Chablis）位於勃根地的最北邊，已經接近葡萄栽植的北界，氣候涼爽。清新爽口，擁有良好的酸度，並帶有花香。

奇昂蒂（Chianti）：目前在美國，泛指所有單寧酸含量少的葡萄酒。原是意大利佛羅倫斯地區所產的紅酒，以 Sangiovese 葡萄所釀成，帶有強烈的果香，初釀就可飲用。

香檳（Champaign）：原指法國香檳區所釀的酒，在美國則泛指任何會冒氣泡的酒。

跋：美食，及那奇特的美文

張慈

法國大作家普魯斯特說：「美好的書都是用一種奇特的語言寫就的。」周芬娜的美食著作《味覺的旅行》、《新上海美食紀行》、《品味傳奇》、《飲饌中國》就是一系列用奇特的語言寫就的美食之書。這些書結合她文學、歷史、美食的素養，還有她在全世界到處吃而產生的靈感，在描寫各地美食的各個篇章中溢透出一股奇特的魅力。這些書改變了中國讀者對吃與美食的習慣思維、審美標準，更改變了台灣和大陸當代美食文學的現狀和歷史。

周芬娜，作家，住在加州 Cupertino 的一間豪華公寓裡。明亮時尚的公寓韻致，還有這位女作家明麗流芳的眼風，使人實在不能與她書中那些沉著簡練的語言、深意有力的文章結構聯繫在一起。

周芬娜寫旅遊，作品十本；寫美食，名作七本；她還寫小說，並翻譯了幾部英文作品。她的寫作除了旅遊景點的描繪外，文學、歷史美食是如此豐贍又如此簡約，簡單的語詞伴著奇思異想的景象款款前行，把人的內心祕密、教養、真性情與對飲食的偏頗結合起來，將讀者引入一處令人想不到的美妙地方：重新審視飲食。

比如在《品味傳奇》中，她從曹雪芹與紅樓宴，遍及蔣介石與奉化菜，再集張愛玲與海派西菜等，而將美食另闢途徑、向前引述出一個別人料想不到的寫作方向。她將書籍與食物建構、城市、人文鑲嵌，揉合得天衣無縫，既富麗又節制，而且還拿出專業攝影師的水平，拍下所到所吃的無數綽約菜姿。

作家的「家」，就是「城堡」，不可以隨意進入，更不可以肆意參觀。如果在這城堡中吃上一頓午飯，那你一定是受到特殊的招待了。周芬娜有能力和本事讓你吃好，吃得忘不了。法國的畫家杜尚說：他的生活是他最好的藝術！吃過周芬娜家宴的人會說：她的生活是她最好的藝術。但是，周芬娜過去並不是吃寫作這一行飯的，她是一個專業的電腦程式設計師。讀者是怎樣失去了一個曾經的專業電腦程式設計師而得到一個奇異的作家的？

法國印象派時代的大作家紀德說得隱諱：「饞救了我。」但是，對周芬娜來說，這其實不是她轉行的根本原因。人可能饞，但在美國生活，隨心所欲還只是一個奢望，其環境質量與工作壓力同等；隨心所欲的生活，只能在風調雨順的環境才能發生。周芬娜轉行的根本原因，按她自己的說法，是「上天的選擇」。

出生於台灣屏東的美人周芬娜，過去是一位文藝青年。在台大歷史系、政大東亞研究所畢業後，還專門採訪和研究過中國大陸女作家和女權運動始作俑者丁玲。但是，周芬娜沒有留在台灣，而是選擇來到美國。到美國後，為了生存她就讀 Union College 的電腦研究所，最終成為ＩＢＭ的電腦程式設計師，後來還當過管理二十多人的小主管，工作壓力大，積勞成疾。一九九四年正好丈夫調日本工作一年，她就藉機留職停薪，到日本去了。

在日本的日子很閒散，丈夫有海外津貼，她再也不用每天起早貪晚地工作，日子好過了，她就開始放鬆地去旅遊，享受人生。在日本，她也藉機讀了很多日本作家的書，讀多了，自己也開始寫一些文章。剛轉行，不知有沒有人要，也不知是否能達到專業水準，反正剛開始寫美食時她並不是很有信心。周芬娜回台灣探親時，她很幸運，她的作家妹妹給她介紹了幾個作家和刊物編輯，但這也不是她寫作生涯的開端。

周芬娜發現，日本對作家很尊重，所以出過諾貝爾獎獲獎人。這風氣不是一天造成的，而是全民運動。北海道、九州、本島都設有文學館，把本地作家捧得很高，日本人對作家的敬重是出自內心的。中國人尊重的是做官的，沒人把文學和作家當回事，中國有很多了不起的作家，曹雪芹、陳寅恪、張愛玲、老舍、巴金等，也值得設文學館，但是中國文化瞧不起作家，提到作家就是「窮作家」、「臭文人」等，過去當中國作家會被餓死，在大陸還會被整死，現在則會被人笑死。

回美國後，又回到現實中，丈夫的出國津貼沒有了，她又要重新找工作上班。當時周芬娜的身體不太好，需要開刀做一個手術。本來不複雜的手術，卻反覆開了三次刀，一出院回家就發炎，把她的身體弄得很孱弱。她整天在家流淚，失掉了工作面試機會。這也許就是天意，周芬娜在家裡休息了一年，因為身體虛弱到不能看書，她就看圖片，增長了很多知識。

這場病的經歷才真正是周芬娜寫作的開端；而走進了作家這一行，是給台灣的《吃在中國》雜誌投稿的一次經歷。當時她看《吃在中國》雜誌印刷精美，禁不住給他們投了兩篇稿，一篇是〈日本的拉麵〉，另一篇是〈倫敦的下午茶〉。投稿時沒抱希望，結果主編親筆給她寫了一封三頁的長信，信是用手寫的，誇讚她的作品「簡潔有力，具有邏輯性」。主編說他辦美食刊物十年，周芬娜是寫飲食寫得最好的，飲食在傳達資訊（information），缺乏專業知識的人寫美食最糟。周芬娜之所以在邏輯性思維上出色，是因她受過電腦訓練，跟那些僅靠個人情感寫美食的作者不一樣。她有感性，又兼具知性，這就是周芬娜的不凡之處。主編住在台灣，從未謀面，給一個新作者親筆寫信，這是多大的鼓勵啊，當然他還給了她很高的稿費。

之後，《吃在中國》又邀她寫。然後她出了第一本書《繞著地球吃》，第二本書《帶著舌頭去旅行》。《聯合報》旅遊版和「TO'GO旅遊情報」都曾約她作為海外特派員。周芬娜就是因《聯合報》旅遊版的專欄而出名的。她日積月累，帶著飽滿的情緒寫，終於成為旅遊、攝影和美食作家。

跋者簡介：

張慈，女，生於雲南。一九八三年畢業於雲南大學中文系。一九八六年～一九八八年，流浪北京，發表引發全國青年議論的隨筆〈獨步人生〉。一九八八年出國，短居緬因州北部鄉村、俄勒岡州波特蘭市、夏威夷檀香山市，長居加利福尼亞州帕洛阿圖鎮。出版長篇小說《浪跡美國》，紀實文學集《美國女人》。曾獲紐約「多維網站」散文一等獎、「漢新」詩歌二等獎、短篇小說三等獎，並獲美國西岸杰拉西藝術基金會邀請榮譽。

國家圖書館出版品預行編目

味覺的旅行 / 周芬娜著. -- 一版. -- 臺北市:
秀威資訊科技, 2009.06 面； 公分. --
(美食 ； TZ0002) BOD版
ISBN 978-986-221-229-5（平裝）

1.飲食 2.旅遊文學 3.文集

427.07　　98007870

旅遊著作類　TZ0002

味覺的旅行

作者、攝影 / 周芬娜
發行人 / 宋政坤
執行編輯 / 黃姣潔
企劃編輯 / 黃姣潔
圖文排版 / 陳佩蓉
封面設計 / 陳佩蓉
數位轉譯 / 徐真玉　沈裕閔
圖書銷售 / 林怡君
法律顧問 / 毛國樑　律師
出版印製 / 秀威資訊科技股份有限公司
台北市內湖區瑞光路583巷25號1樓
電話：02-2657-9211　傳真：02-2657-9106
E-mail：service@showwe.com.tw
經銷商 / 紅螞蟻圖書有限公司
台北市內湖區舊宗路二段121巷28、32號4樓
電話：02-2795-3656　傳真：02-2795-4100
http://www.e-redant.com

2009 年 6 月　BOD 一版
定價：280 元

讀　者　回　函　卡

感謝您購買本書，為提升服務品質，煩請填寫以下問卷，收到您的寶貴意見後，我們會仔細收藏記錄並回贈紀念品，謝謝！

1.您購買的書名：____________________

2.您從何得知本書的消息？

□網路書店　□部落格　□資料庫搜尋　□書訊　□電子報　□書店

□平面媒體　□ 朋友推薦　□網站推薦　□其他__________

3.您對本書的評價：(請填代號　1.非常滿意 2.滿意 3.尚可 4.再改進)

封面設計____　版面編排____　內容____　文/譯筆____　價格____

4.讀完書後您覺得：

□很有收獲　□有收獲　□收獲不多　□沒收獲

5.您會推薦本書給朋友嗎？

□會　□不會，為什麼？____________________

6.其他寶貴的意見：____________________

____

____

____

讀者基本資料

姓名：____________________　年齡：______　性別：□女　□男

聯絡電話：________________　E-mail：____________________

地址：____________________

學歷：□高中(含)以下　□高中　□專科學校　□大學

□研究所(含)以上　□其他______________

職業：□製造業　□金融業　□資訊業　□軍警　□傳播業　□自由業

□服務業　□公務員　□教職　□學生　□其他__________

請貼
郵票

To：114

台北市內湖區瑞光路 583 巷 25 號 1 樓

秀威資訊科技股份有限公司　　收

寄件人姓名：

寄件人地址：□□□

(請沿線對摺寄回,謝謝!)

秀威與 BOD

BOD（Books On Demand）是數位出版的大趨勢，秀威資訊率先運用 POD 數位印刷設備來生產書籍，並提供作者全程數位出版服務，致使書籍產銷零庫存，知識傳承不絕版，目前已開闢以下書系：

一、BOD 學術著作—專業論述的閱讀延伸
二、BOD 個人著作—分享生命的心路歷程
三、BOD 旅遊著作—個人深度旅遊文學創作
四、BOD 大陸學者—大陸專業學者學術出版
五、POD 獨家經銷—數位產製的代發行書籍

BOD 秀威網路書店：www.showwe.com.tw
政府出版品網路書店：www.govbooks.com.tw

永不絕版的故事・自己寫・永不休止的音符・自己唱